U0117785

四川大学“中国语言文学与中华文化全球传播”双一流学科群专项资助

传播符号学书系 · 国际视野

传播符号学书系 · 国际视野 | 主编：胡易容 饶广祥

生物符号学的文化意涵

CULTURAL IMPLICATIONS OF BIOSEMIOTICS

［英］保罗 · 柯布利
（PAUL COBLEY）
著

胡易容 孙少文 杨登翔 荣 茜 杜笑笑
译

唐爱燕
审校

社会科学文献出版社
SOCIAL SCIENCES ACADEMIC PRESS (CHINA)

First published in English under the title
Cultural Implications of Biosemiotics
By Paul Cobley, edition: 1

总 序

传播学与符号学的学科发展时间起点相近但路径不同。符号学的学科化始于1907～1911年索绪尔在日内瓦大学讲授的“普通语言学”课程，索绪尔以语言符号为对象系统阐述了结构主义符号学的基本理论框架。传播学始于1905年布莱尔在威斯康星大学开设的“新闻学”课程。正如语言之于符号学，新闻也成为传播学的第一个门类及核心对象。学界至今仍将“新闻”与“传播”并称。

在百余年的学科发展进路中，尽管符号学与传播学发展路径截然不同，但两者理论逻辑的深层联系将两者密切联系在一起。施拉姆在《传播学概论》中辟专章写“传播的符号”，并指出“符号是人类传播的要素”。[①] 符号学在经历三代人的研究并发展出四种典型模式之后，近三十年来的重要发展方向之一是与传媒诸现象相结合。法国学者皮埃尔·吉罗认为，传播学与符号学从某些方面来说是“同义语”；约翰·费斯克则将传播学分为注重研究“意义”的“符号学派”和注重研究“效果”的“过程学派”。[②] 我国学者陈力丹对传播学的基本定义是“研究人类如何运用符号进行社会信息交流的学科”[③]。从学理上讲，传播学须通过“传播的符号研究”以洞悉“意义”的实现；反之，符号学也必须跨越狭义的“语言”而进入当代传媒文化这一最庞大的符号景观。对两个不同发展传统的学科来说，符号学可以从理论繁杂的“玄学”处落地于具体的文化传播现象；传播学也可以借助符号学的丰富理论提升学理性。受美国新闻传播学传统

---

① 〔美〕威尔伯·施拉姆：《传播学概论》，何道宽译，中国人民大学出版社，2010，第61页。

② Fisk, John, *Introduction to Communication Studies*, London: Routledge, 1990, xv.

③ 陈力丹：《传播学是什么?》，北京大学出版社，2007。

的影响，当前我国传播学过多倚重社会学方法，故而学界有观点认为，传播学应归属于社会科学而非人文科学。且暂时搁置这个争议，仅就传播内容而言——其作为“符号”构成的“文本”，具有无可争议的“意义属性”。作为研究“意义”的学问，符号学研究可与社会学方法互为补充，为传播学提供基础理论。

从当今传媒文化发展的现实来看，传播学与符号学对彼此的需求更加迫切。人类正在经历由互联网引发的传媒第三次突变①，传播学研究的问题正在从“信息匮乏”转向“意义需求”。20 世纪兴起的传播以电视、广播、报纸等大众传媒为主，此时传播学研究的关键点是信息如何到达和获取——这与“信息论”方法是相适应的。在当下传媒的第三次突变的背景中，“后真相”时代已将社会信息的需求从匮乏转变为“在过载的信息中寻找意义与真知”。“人类命运共同体”这一宏大命题的基本条件，不仅是经由全球化媒介实现的信息通达（这在技术上早已经没有壁垒），还必须包括人类整体的“意义共同体”。当代传播学应对“传媒突变”的策略，须以更开放的姿态从“信息到达”向“意义交流”转变。一方面，“传播”应回归于“交流”这一受传交互的意涵；另一方面，“信息—通达—行为”的过程结果论研究，应向“意义的共享、认知与认同”深化。

当前，打破学科间的壁垒正在成为国内外学术发展的共识和趋势。国际上将“符号学”“传播学”的融合领域通称为“符号学与传播学”。该领域影响较大的学派包括法兰克福学派、巴黎学派、布拉格学派、伯明翰学派、塔尔图学派、列日学派等。目前，国际上众多知名高校设立了“符号学与传播学”专业或课程，如美国宾夕法尼亚大学、康奈尔大学，加拿大圣劳伦斯大学，澳大利亚昆士兰大学，保加利亚索非亚大学，丹麦哥本哈根大学，意大利都灵大学等。世界著名的德古意特出版社从 2011 年开始推出主题为“符号学·传播·认知”（Semiotics, Communication and Cognition）的大型系列丛书，迄今已出版数十种。国内学界也很早注意到了符

---

① 赵毅衡：《第三次突变：符号学必须拥抱新传媒时代》，《天津外国语大学学报》2016 年第 1 期。

号学与传播学的学理共性。如陈力丹在《符号学：通往巴别塔之路——读三本国人的符号学著作》[①] 中指出，符号学不仅是传播学的方法论之一，而且应当是传播学的基础理论。随着符号学在中国的不断扩展，将符号学和传播学结合起来研究的学者越来越多，话题也越来越广。"传播符号学"已成为新闻传播学研究的重要发展方向。

值得追问的是，中国传播符号学研究，是否仅仅指借用西方符号学理论和术语来解释当今中国面临的问题？这关涉到中国符号学话语建构的总体背景。

中国传统文化符号丰富多彩，有着肥沃的符号学土壤。《周易》或许可被解读为世界上第一部呈现全部人类经验的符号系统。[②] 从狭义的符号学思想的源头来看，在古希腊斯多葛学派（The Stoics）讨论符号和语义问题的同时，中国的名家也在讨论"名实之辩"。名家代表学者公孙龙（约公元前 320 年 ~ 约公元前 250 年）与芝诺（约公元前 336 年 ~ 约公元前 264 年）的出生时间仅差 16 年。仿佛两位思想家约定好，在那个伟大的"轴心时代"远隔重洋同时思考符号与意义的问题。遗憾的是，尽管先秦名学充满思辨的智慧，却并未成为"正统"得以延续。名学被其他学派批评为沉溺于琐碎的论证。此后，在儒学取得正统地位时，名学自然被边缘化了。应当承认，中国传统符号学思想没有对世界符号学运动产生实质性影响。

20 世纪 20 年代，符号学一度在中国有所发展。1926 年，赵元任曾独立于西方符号学两位开创者提出"符号学"这一术语并阐述了自己的构想，写成了《符号学大纲》。[③] 遗憾的是，赵元任的符号学构想也缺乏后续传承。中国错失了 20 世纪符号学发展的两个黄金时期：一个是 20 世纪上半期的"模式奠定与解释阶段"，这一阶段形成了索绪尔结构主义语言学、皮尔斯逻辑修辞学、卡西尔 - 朗格文化符号哲学及莫斯科 - 塔尔图高技术

① 陈力丹：《符号学：通往巴别塔之路——读三本国人的符号学著作》，《新闻与传播研究》1996 年第 1 期。

② Zhao, Y. , "The fate of semiotics in China", *Semiotica* , 2011 (184): 271 - 278.

③ 赵元任：《符号学大纲》，载吴宗济、赵新那编《赵元任语言学论文集》，商务印书馆，2002，第 177 ~ 208 页。

文化符号形式论等基础理论模式；另一个是索绪尔及其追随者引领的世界性结构主义思潮。此后，符号学经历了一个相对平缓的发展期。尽管有格雷马斯、艾科、巴尔特、乔姆斯基等一批重要学者在诸多领域做出重要贡献，但这些贡献大致是在前人的基础模式上进行再发现或局部创新。符号学自身的发展，也转而通过学派融合来实现。

20世纪80年代，中国学术从“文革”中复苏时，符号学发展的第二阶段已接近尾声。符号学对中国学界来说成了不折不扣的“舶来品”。重新起航的中国符号学研究，在很大程度上是由一批在海外游学、留学的学者带动的。他们译介西方经典、著书立说、教书育人，影响了一批中国学者。[①] 王铭玉认为，中国的符号学研究起步较晚但起点较高，在非常短的时间内便基本追赶上了国际研究的潮流。[②] 他将中国符号学发展分为三个阶段。第一个阶段指20世纪80年代上半段（1981～1986年）。这一阶段可称为“学科引介”阶段，以译介工作为主，如1981年王祖望翻译了西比奥克（Thomas A. Sebeok，当时的译名为谢拜奥克）的《符号学的起源与发展》[③]；史建海发表了《符号学与认识论》[④]；金克木发表了《谈符号学》[⑤] 等。随后，一批符号学经典论著在国内翻译出版，如池上嘉彦的《符号学入门》（张晓云译，国际文化出版公司，1985）、霍凯特的《现代语言学教程》（索振羽等译，北京大学出版社，1986）、特伦斯·霍克斯的《结构主义和符号学》（瞿铁鹏译，上海译文出版社，1987）、罗兰·巴尔特的《符号学原理：结构主义文学理论文选》（李幼蒸译，生活·读书·新知三联书店，1988）、皮埃尔·吉罗的《符号学概论》（怀宇译，四川人民出版社，1988）、乌蒙勃托·艾柯的《符号学理论》（卢德平译，中国人民大学出版社，1990）。到20世纪80年代末，中国学者自己撰写的最早一批符号学专著相继问世，如俞建章、叶舒宪的《符号：语言与艺术》（上海人民出版

① 赵毅衡：《中国符号学六十年》，《四川大学学报》（哲学社会科学版）2012年第1期。

② 王铭玉、宋尧：《中国符号学研究20年》，《外国语》2003年第1期。

③ C. 皮尔逊、V. 斯拉米卡：《信息学是符号学学科》，张悦校，《国外社会科学》1984年第1期；T. 谢拜奥克：《符号学的起源与发展》，王祖望译，《国外社会科学》1981年第5期。

④ 史建海：《符号学与认识论》，《内蒙古社会科学》1984年第8期。

⑤ 金克木：《谈符号学》，《读书》1983年第3期。

社，1988）、赵毅衡的《文学符号学》（中国文联出版公司，1990）等，这些专著代表着中国学者在符号学理论方面独立探索的“重新”出发。

从1991年开始，传播学与符号学各自获得了巨大的发展，应用中的边界频繁交叠。传播研究中对于符号学这一术语基本上无法回避。符号出现在传播学的各个门类中，如教育传播、电视新闻、广告、艺术设计等。相关文献大多运用了符号学术语与典型分析方法。其中，比较多的是应用索绪尔的能指与所指结构关系及其各种延伸形式，但理论深度有限，且这一时期的应用多处于一种对问题解释的自然需求状态，缺乏从方法论本身进行的学理性反思。丁和根将1994年到1999年称为国内“传播符号学”的“起步期”，并认为此后进入“发展期”。[①] 20世纪的最后几年，传播符号学的学科方法论受到了更多重视，如周军的《传播学的“前结构”：符号活动的社会根源和基础》（《北京广播学院学报》1994年第1期）、陈道德的《传播学与符号学散论》［《湖北大学学报》（哲学社会科学版）1997年第2期］等。但此时具体研究新闻或电视的门类符号理论仍然占据更为重要的位置，如唐迎春、徐梅发表的《论新闻传受的不对等性——从符号学角度的解读》（《国际新闻界》1997年第6期）；刘智发表的专著《新闻文化与符号》（科学出版社，1999）等。2000年之后，学界明确提出了“传播符号学”，以之为研究主题的学者在传播学领域开始发出越来越响亮的声音。

清华大学李彬教授较早地系统介绍传播符号学。他从狭义和广义两个层面界定了传播符号学的学科范畴，认为狭义的传播符号学是“为新闻传播学所关注、由新闻传播学所推展、被新闻传播学所吸纳的与符号学相关的研究内容……”；广义的传播符号学则是“一切与新闻、传播相关的符号、话语、文本、叙事等方面的研究”。[②] 他这一时期的文章随后结集为《符号透视：传播内容的本体诠释》一书。书中开篇即指出，“……其实，传播符号不仅是人类传播的‘生命基因’……而且也是人类文明的‘精神

① 丁和根：《中国大陆的传播符号学研究：理论渊源与现实关切》，《新闻与传播研究》2010年第6期。

② 李彬：《批判学派在中国：以传播符号学为例》，《新闻大学》2007年第3期。

细胞’。”[①] 从研究方法和理论立场来看，李彬教授的研究有两个特点：一是将符号学作为传播内容研究的方法；二是将符号学归于传播学批判流派的方法之一。[②]

南京大学丁和根教授从话语分析与意识形态分析论入手，关注意义的生成与批判，并将其上升至方法论进行学理性探讨。他的《论大众传播研究的符号学方法》（《新闻大学》“2002 年冬季号”）是这一时期传播符号学方法论讨论最为周详的文献之一。首先，他认为，话语（文本）分析和叙事学的研究取向已经成为整个传播符号学的重中之重，因为“话语分析最能够体现符号学的整体性思维和研究方法，是传播学研究借鉴符号学方法的便捷之途”。[③] 其次，他也倾向于认同符号学路径的批判取向。他认为，传播符号学虽然不能等同于批判学派，但与批判学派理论有着天然的内在联系和共同的学术取向。符号的方法更着眼于深度思辨而不是表层量化，为批判学派提供研究方法和理论资源，这成为传播符号学重要的意义和价值所在。

上述两位学者的共同特点是将传播符号学作为传播学中的批判传统看待。如果将他们的研究称为传播符号学中的“批判分析学派”，那么李思屈、隋岩、曾庆香等教授则偏向于“符号实践与建构”。

李思屈教授从广告及消费文化入手，进入消费洞察与建构性操作。从 1998 年开始，他贡献了一系列广告符号学的论文。主张建构又富含思辨的思路在李思屈教授两部代表性著作中体现得也非常充分。在《东方智慧与符号消费：DIMT 模式中的日本茶饮料广告》（浙江大学出版社，2003）中，他结合中国传统智慧，提出了用以指导广告传播实践的“DIMT”模式；而《广告符号学》（四川大学出版社，2004）在国内被认为是以符号学进行广告研究的第一部系统性著作。这一思路在他近年的研究中一以贯之，如《传媒产业化时代的审美心理》（浙江大学出版社，2008）立足符号学，兼备质性与量化分析，对当代大众传媒产业和大众消费案例做出了翔实

---

① 李彬：《符号透视：传播内容的本体诠释》，复旦大学出版社，2003。

② 李彬：《批判学派在中国：以传播符号学为例》，《新闻与传播评论》2005 年第 5 期。

③ 丁和根：《中国大陆的传播符号学研究：理论渊源与现实关切》，《新闻与传播研究》2010 年第 6 期。

的分析。隋岩教授的《符号中国》从理论、实践两个维度探讨符号的含指项、同构、元语言机制、自然化机制、普遍化机制；并从中国文化符号传播实践中梳理出象征中国的符号的历史变迁，探究鸦片、“东亚病夫”、缠足等负面能指符号背后的传播机制，思考如何提炼、打造代表中国、传播中国的强符号。曾庆香教授则偏重从新闻话语入手，以新闻传播的符号叙事为基础分析了网络符号、新闻报道、北京奥运会等案例，[①] 她注重建构实例分析，并注意到图像符号这一常常为话语分析所忽略的领域。

上面已经提及，一些学者从不同角度对我国传播符号学的发展进行了观察和分析。若从传播符号学的总体发展来看，2008 年是一个不可忽略的节点。这一年不仅研究成果大幅攀升，更有内在结构的质变。这一年尤其值得一提的是，已回国任教于四川大学的赵毅衡教授成立了“符号学 - 传媒学研究所”（ISMS），并创办了国内第一份打通传播学与符号学的学术期刊——《符号与传媒》。此后，他带领的“符号学 - 传媒学研究所”为中国传播符号学打开了全新的局面。在学科建设方面，四川大学设立了迄今全国唯一的符号学交叉学科博士点，从 2009 年起招收传播符号学方向的硕士、博士研究生，培养了一批以符号学为方法论进行文化传播研究的有生力量。在成果出版方面，四川大学“符号学 - 传媒学研究所”组织出版、翻译的符号学几大系列丛书——“中国符号学丛书”“符号学译丛”“符号学开拓丛书”“马克思主义符号学丛书”“符号学教程”就超过 80 种。在组织机构方面，赵毅衡、蒋晓丽等教授发起成立的“中国中外文艺理论学会·文化与传播符号学研究委员会”“中国新闻史学会·符号传播学研究委员会”是符号学与传播学融合发展的全国性学术共同体，汇集了我国该领域的主要学者。此后，四川大学“符号学 - 传媒学研究所”还与天津外国语大学、同济大学、苏州大学、南京师范大学、西北师范大学等国内机构发起成立了“中国符号学基地联盟”，共同推进中国符号学的发展。从 2008 年至今，我国传播符号学发展处在一个高峰期，研究人数和学术论文发表量有了明显的增加，涉及学科有了极大的拓展。

应当说，经过近 40 年的努力，中国符号学发展确实取得了长足的进

---

① 曾庆香：《认同·娱乐·迷思：北京奥运会开幕式的符号分析》，《当代传播》2009 年第 5 期。

步。在老一代学者的引领、培养下，该领域新一代学者的学术素养并不输于大洋彼岸的同龄人。如今摆在当今中国传播符号学研究者面前的问题，转而成为中国符号学以何种姿态处身于全球化学术语境的问题。换言之，若今天正在发生的知识更新在符号学领域引发变革，甚至酝酿成第三次世界性符号学运动，中国学者将如何跻身国际学界？

此问题的答案，或取决于中国学者如何解答人类面临的符号传播与文化变革问题。可以观察到，全球学界正在进行一场新的赛跑，且几乎站在同一起跑线上。并且，当今国际符号学发展涌现出许多新的动向，如塔尔图学派在继承科学与文化交融传统的基础上在生命符号学领域有所拓展；当代美国符号学研究在方法论上有综合性色彩，并在认知论、行为主义及非语言主义方向卓有成就；法国符号学发展表现出极强的语言文学特性，并与后结构主义文化研究发生融合。[①] 以艾柯为代表的意大利符号学者，在符号学与艺术门类——建筑、绘画、电影等结合方面均有出色成绩，并在一般理论方向上关注意识形态研究。其中，意大利都灵学派的社会符号学特色鲜明；德国符号学则依然体现出优良的哲学传统，并与现象学传统、存在论传统以及阐释学传统融合；北欧符号学既具有浓厚的哲学思辨色彩，又融合了经验研究的新技术手段；丹麦、芬兰、瑞典等国的符号学结合了主体哲学、认知学等跨学科传统，与美国的系统论（贝特森）、语用论及行为主义（莫里斯）传统遥相呼应。

综观当今国际符号学界，多元化、流派融合的学术话语为新理论提供了足够多的“素材”——它们就像一锅适合新事物发生的“原子汤”。更重要的是，当今传媒文化的剧变，为符号学乃至整个人文科学提供了理论创新的条件，同时也提出了一些亟待解决的现实问题——物理学对宇宙起源解析的突进冲击了哲学与宗教的世界观；人工智能正在改写“智域”的主体和边界；媒介剧变重铸着人类社会连接结构；生物工程，尤其是基因科学的进展，让人类不断尝试僭越“造物主”的角色……

在人类技术文明进步的同时，人类的生活意义却进入了空前危机。消费社会的物化和异化使传统社会的信仰边缘化进而导致伦理缺失；数字化生存

---

① 李幼蒸：《理论符号学导论》，社会科学文献出版社，1993，第22页。

的现实让“真”“谬”关系发生了某种不对称的“后真相”转向；诉诸感官沉浸的碎片信息令传统文化生活的仪式感走向消失。在内爆的信息冲击下，人们失去了追寻意义的方向。国与国之间、民族与民族之间的文明冲突没有因媒介技术带来的传播便利而消减；恐怖袭击、暴力冲突，甚至大屠杀有了更具规模的杀伤性手段；核威胁、生化武器以及杀伤力更恐怖的人工智能武器，仍是悬在全人类头上的“达摩克利斯之剑”。

这个时代对“意义交流”的需求比以往更加凸显，这构成了学术发展的问题导向。而问题发展的基础则植根于所在的知识传统。做出卓越贡献的学者，也必然植根于其所在的学术土壤。符号学界常常热衷于谈论皮尔斯与索绪尔的区别，但从学术传统的根源来看，他们的理论却有着共同的西方哲学起点。从研究对象来看，古希腊以来的语言逻辑修辞传统在索绪尔的理论模式中得到了充分体现。众所周知，索绪尔将研究范围界定于“表音体系，且是以希腊字母为原始型的表音体系”[①]，这一研究对象即由西方语音中心主义承袭而来。而皮尔斯的符号学起点，是亚里士多德以来的西方逻辑学。皮尔斯的逻辑修辞符号学模式，在某种意义上可看作他的理论抱负——“构建亚里士多德传统能适应各门学科的科学逻辑”——的结果。此外，据说皮尔斯能背诵康德的《纯粹理性批判》。另一位康德主义的继承人——恩斯特·卡西尔则提出了“人是符号的动物”这一关于“人”的新定义。

上述学者的理论都深刻植根于特定文化土壤与理论传统，并与社会发展的需求相契合。就西方符号学的知识传统来看，“东方中国符号”无论是作为对象，还是作为理论思考方式，都未能被恰当地纳入考虑。包括汉字在内的中华传统符号也仅仅是偶尔作为“东方符号奇观”而被误读式观照。这种忽略“文化生成生态”的“线性符号达尔文主义”[②]，其根本指向有悖于文化的多样性本质。

综上，摆在中国学者面前的课题，是对传播学和符号学的双重创

---

① 〔瑞士〕费尔迪南·德·索绪尔：《普通语言学教程》，高名凯译，商务印书馆，1985，第51页。

② 胡易容：《符号达尔文主义及其反思：基于汉字演化生态的符号学解析》，《兰州大学学报》（社会科学版）2018年第3期。

新——既融通传统中国文化符号遗产，又接轨当下独特的中国传媒变革现实。在这场学术创新话语竞赛中，中国学者提出的理论模式或贡献，应该是基于中国问题生发的，同时关涉“人类意义共同体”的一般规律。由此，当下中国传播符号学学者在国际学界的发声，也应有意识地从追随西方理论的阐释，转向融通中西与独树一帜。其中，涉及中国的对象问题的思考，则必须走出“东方主义”式二元对立框架，以超越仅仅通过与“西方”的比较来实现自身意义的存在。同时，中国传统文化符号思想所蕴含的“意义”必须在“人类意义共同体”的整体语境下被观照和阐发——这应是中国传播符号学界努力的方向，也是本套丛书的初衷。“传播符号学书系”是四川大学“符号学－传媒学研究所”发起并策划出版的一套丛书，旨在推进传播符号学的学科建设。本套丛书包括“国际视野”与“理论探索”两个子系列：前者主要译介传播符号学领域的国外优秀成果，旨在展现国外传播符号学交叉发展的前沿视野和最新动态；后者力图展现中国学者在传播符号学领域的探索和努力。此种兼容并蓄的思路，是希望读者从这套丛书中能直观比较当前传播符号学领域国内外学者的视点，同时也在国际学术对话中为推动中国哲学社会科学话语体系的建构尽绵薄之力。

胡易容

己亥夏于四川大学竹林村

致 谢

若无友助，行之不远。任何领域，没有朋友同事的支持，都举步维艰。这种支持不求回报，且常默默无闻。借此机会，我想向以下同事表示衷心的感谢和敬意，是你们让这本书能够有机会面世。

莫迪恩·安德森（Myrdene Anderson）、理查德·阿皮尼亚内西（Richard Appignanesi）、克里斯·阿宁（Chris Arning）、巴兰娜·贝克（Baranna Baker）、克里斯蒂安·班科夫（Kristian Bankov）、马塞洛·巴比耶里（Marcello Barbieri）、梅哈·鲍特斯（Merja Bauters）、（已故、让人怀念的）杰夫·伯纳德（Jeff Bernard）、卡琳·博克伦德-拉戈普卢（Karin Boklund-Lagopoulou）、普里西拉·博尔赫斯（Priscila Borges）、索伦·布瑞尔（Søren Brier）、萨拉·坎尼扎罗（Sara Cannizzaro）、詹姆斯·卡尼（James Carney）、文森特·科拉皮特罗（Vincent Colapietro）、马塞尔·德尼西（Marcel Danesi）、约翰·迪利（John Deely）（本书献给他，他是鼓励我写作此书的第一人）、乔纳森·德拉菲尔德-巴特（Jonathan Delafield-Butt）、珀尔·德斯特·安德森（Per Durst-Andersen）、马尔科姆·埃文斯（Malcolm Evans）、方小莉、唐·法瓦罗（Don Favareau）、何塞·恩里克·菲诺尔（José Enrique Finol）、亚历山大·戈登（Alex Gordon）、安妮·赫诺（Anne Hénault）、杰斯珀·霍夫迈尔（Jesper Hoffmeyer）、卡雷尔·克莱斯纳（Karel Kleisner）、伊万杰洛斯·库尔迪斯（Evangelos Kourdis）、凯勒维·库尔（Kalevi Kull）、亚历山德罗斯·拉戈普洛斯（Alexandros Lagopoulos）、李云熙（Yunhee Lee）、克里斯蒂娜·永贝里（Christina Ljungberg）、大卫·梅钦（David Machin）、科布斯·马拉斯（Kobus Marais）、蒂莫·马兰（Timo Maran）、（已故的、让人敬仰的）所罗门·马库斯（Solomon Marcus）、安

东·马尔科什（Anton Markoš）、达里奥·马蒂内利（Dario Martinelli）、弗劳伊德·麦罗（Floyd Merrell）、达努塔·米尔卡（Danuta Mirka）、伊万·姆拉德诺夫（Ivan Mladenov）、露西娅·洛朗（Lucia Neva）、格里戈里斯·帕斯卡利迪斯（Grigoris Paschalidis）、彭佳、苏珊·皮特里利（Susan Petrilli）、奥古斯都·庞齐欧（Augusto Ponzio）、安德·兰德维尔（Anti Randviir）、阿列克谢·沙罗夫（Alexei Sharov）、罗杰·萨宾（Roger Sabin）、彼得·J·舒尔茨（Peter J. Schulz）、（已故的、无可取代的）汤姆·西比奥克（Tom Sebeok）、法鲁克·赛伊夫（Farouk Seif）、加里·尚克（Gary Shank）、阿列克谢·沙罗夫（Alexei Sharov）、弗雷德里克·斯特杰恩费尔蒂（Frederik Stjernfelt）、金多成（Kim Sung-do）、埃罗·塔拉斯蒂（Eero Tarasti）、戴娜·泰特斯（Daina Teters）、托基尔德·泰勒夫森（Torkild Thellefsen）、莫滕·滕内森（Morten Tønnessen）、彼得·托罗普（Peeter Torop）、巴伦特·范赫斯登（Barendt van Heusden）、斯蒂芬妮·沃尔什·马修斯（Stéphanie Walsh Matthews）、格洛丽亚·威瑟尔姆（Gloria Withalm）、欧里庇德斯·赞蒂德斯（Evripides Zantides）以及赵毅衡。

我要特别向我在空间博士（Space Doctors）文化创意咨询公司[①]的同事和朋友们表示感谢，尤其是加雷斯·刘易斯（Gareth Lewis）、菲奥娜·麦克奈（Fiona McNae）、帕夫拉·帕塞科娃（Pavla Pasekova）、史蒂芬·塞斯（Stephen Seth）；向我在南京师范大学的同事和朋友们表示感谢，特别是余红兵、张杰、王永祥、严志军；向我在密德萨斯大学的同事和朋友们表示感谢，尤其是与我合作最紧密的几位，鼓励我、支持我的院长卡罗尔－安妮·厄普顿（Carole-Anne Upton），在研究部门工作并与我志趣相投的伙伴维达·米德洛（Vida Midgelow）；向斯普林格（Springer）出版社的凯瑟琳·科顿（Catherine Cotton）、伊内克·拉夫斯洛特（Ineke Ravesloot）、伊扎·维特科夫斯卡（Iza Witkowska）以及内尔万·德·维尔夫（Nelvan der Werf）表示感谢，感谢你们的耐心。还需要感谢本书系各位编辑的可贵付出。

对于所有符号学和生物符号学领域的同事和朋友，我的感激之情溢于

① 该公司的官网：https://space-doctors.com/——译者注

言表。如果这份名单里有任何遗漏，还请谅解。

在此必须特别提及特里·迪肯（Terry Deacon），他在关键阶段提供给我的一些素材对本书的完成至关重要。

亚当·布里格斯（Adam Briggs）在生活上对我无微不至地关照，让我可以一直清醒地思考写作。

但最要感谢的还是埃尔希（Elsie）、斯坦（Stan）和艾莉森（Alison），他们因为我而不得不忍受工作与生活的失衡。

这本书的小部分内容以不同的形式在其他出版物中出现过。

我要感谢下列人员和机构允许本书从其作品中摘引：劳伦斯（Lawrence）和维斯哈特（Wishart），他们的大作是《符号伦理、自愿主义和反人道主义》（Semioethics，voluntarism and antihumanism，*New Formations*，62：44－60，Autumn 2007）；德·格卢伊特（de Gruyter），他的大作是《符码与符码活动：西比奥克的动物符号学与固定符码谬误拆解》（Codes and coding：Sebeok's zoosemiotics and the dismantling of the fixed-code fallacy，*Semiotica*，198：32－45，2014）；斯普林格出版社，本书摘引了该出版社出版的《生物符号学的文化意涵》［The cultural implications of biosemiotics，*Biosemiotics*，3（2）：225－244，2010］；美国符号学会，本书摘引了论文《以不强化而强化生存能力：西比奥克符号学与模塑理论的终极悖论》［Enhancing survival by not enhancing survival：Sebeok's semiotics and the ultimate paradox of modelling，SSA Sebeok Fellow Address 3 October Seattle，*The American Journal of Semiotics*，30（3－4）：191－204，2014］和《人文科学何为——一个符号学的视角》［What the humanities are for—a semiotic perspective，*The American Journal of Semiotics*，30（3－4）：205－228，2014］；曼迪匹艾出版社，本文摘引了该出版社出版的《赛博符号学和人类模塑》（Cybersemiotics and human modelling，*Entropy*，12：2045－2066，2010）。

目录

生物符号学的文化意涵

导　言

本书的写作有多个目标，其动因之一是我和关心相关问题的学界同人一致认为生物符号学意义重大，且这种重要性还有待为更多人所认识。因此，本书首先要面向的是自来生物符号学和符号学之外的、主要是人文社会科学领域的读者。这些读者可能会乐于见到来自一些较新领域的看法，这些看法或许对他们所在的学科领域有所帮助。这些读者群体或许一直有一种误解，即认为生物符号学只关注与生物科学相关的问题，与自己所在的学科无关；或者有另一个常见的误解，即认为生物符号学是深奥而晦涩的。

通过本书，我希望这些读者能发现，生物符号学的一些论述对他们所在学科的研究具有参考性。以我所从事的学科——传播学（包括媒体、语言和文化领域）为例，坦诚地说，传播学基础理论在过去的几十年里并没有过重大发展。近30年前的“后现代主义”热潮，似乎代表了“宏大理论”在艺术、人文和社会科学领域的最后一春。因此，作为一名传播学研究者，我很期待任何对基础理论感兴趣的人阅读本书。若这些读者认为本书增加了他们对理论的兴趣；或者，在本书提供的生物符号学想法的引导下，他们找到了一些感兴趣的参考文献；又或者，他们因为本书而直接转向生物符号学研究，那将让我欣慰至极。

除了以上较宽泛的目标外，本书还面向生物符号学界的同行读者，希望它能促进生物符号学相关论题的讨论。例如生物符号学的持续影响是什么？我们如何更好地代表生物符号学界进入邻近的学术领域，甚至走出我们原有领域与遥远的学科对话？生物符号学研究者来自自然科学领域和非自然科学领域，共同组成一个真正的跨学科群体，其中，不同领域的成员，对作为一个群体的自我界定，必然有所不同。

一些生物符号学家致力于在生物学中赋予“意义”现象更重要的地位；另一些学者则认为，生物符号学的任务是继续拓宽符号学这一广义学派（church），以免将目标误定为“将人类这一物种从其他有机体的符号现象中孤立出来”。生物符号学的另一项任务，是突破生物与文化、自然科学与人文学科之间的界限，或至少使它们之间更容易相互吸收。因此，这挑战了将人类视为自然界“异类”的观点，这一挑战也是本书的主旨。本书并非通过传统意义上的“科学”来研究自然世界，而是通过跨学科的方式推动并加快对自然世界的研究进程。简而言之，本书致力于阐述：在生物符号学与“现代”概念化模式的世界（包括所谓的“后现代主义”的超现代立场，参见 Deely 2003，2009a）之间，形成了某种程度上的“认识论断裂”（Althusser 1969）。事实表明，生物符号学与那些否认自然连续性的思维模式很不相同，那些思维模式将文化置于中心，对文化的理解只停留在初级阶段。以上就是生物符号学的一般文化含义。须补充的是，在生物符号学中，文化以尽可能广的方式被定义，涵盖全部生活方式与实践（Cobley 2008），包括日常的饮食习惯、餐桌礼仪、运动锻炼，以及洗涤、储水、衣着、建筑、照明设计等。然而，生物符号学并不仅仅满足于各种仪式背后的文化内涵，不仅仅满足于源于身体需求的内容，它对那些“纯粹的”审美文化领域（如故事、装饰、音乐和雕塑）也有着独到的解释力，这些审美文化领域显然不是为任何生存目的而存在的。

生物符号学试图在过度诠释（over-interpretation）和还原主义（reductionism）之间开辟新路径，提供新的文化分析前景。比如，一些物理学中所认为的“死亡”现象，在生物符号学中却被看成是符号过程的体现。生物符号学中存在着两个对立观点：一端强调符号表意的流动性和增长性，并将不同程度的能动性归因于最底层的解释项；另一端则倾向于认为，固定不变的符码在自然界中起着重要作用。两端之外也存在两种观点：一种是“新时代”观，承认符号表意没有阈限，在所有自然实体中都有“智能”，甚至是“上帝”的存在；另一种观点则从本质上遵循绝对机械论（absolute mechanism）和拉普拉斯决定论（Laplacean determinism）。在文化领域，存在着一系列二元对立，如个体/集体、行动者/主体、语言/非语言、人类/非人类、心灵/物质、文化/生物界。生物符号学认为生命是连续的，他们研究自然领域的符号过程，以摒弃或者修正以上的二元对立。

物质和精神的连续性，自然和文化似是而非的区分等问题，并未在文化分析中得到足够重视。而科学领域的一些重大问题，在人文学科中也并没有得到很好的诠释。当然，原因之一是科学中各种各样的主义、学科等，掌控着文化研究的运势，从社会达尔文主义到李森科主义（Lysenkoism），以及优生学、社会生物学和核武器的发展，还有科学领域中的男权偏见和其他制度因素，都动摇着人文学科的知识主张。因此，库恩（Kuhn 1970）的科学哲学论，利奥塔的"对科学发展宏大叙事的怀疑时代"的宣言，这些都已成为人文学科的常识。而今，一个前所未有的机遇是，随着生物符号学的复兴，我们有望通过符号学弥合两种文化之间的鸿沟。我相信西比奥克（Sebeok 2000）也有同感。

在一般符号学中，我们有机会搭建沟通这两种文化的桥梁。符号学对文化发生场域的探讨，激发我们关注所有（最初的、仅仅是潜在的）符号过程，这些探讨如今已在生物符号学中取得了丰硕的成果。一方面，生物符号学特指符号学整个学科版图中的一个领域；另一方面，所有符号学领域，无论多么专注于文化材料，也无论它们多么强烈地想要将自然归为宇宙研究一类，都无法避开自然。因而，在某种意义上说，符号学就是生物符号学。西比奥克（Sebeok 1986a：60）阐释了符号学和生物符号学之间的这种关系。这一阐述也构成了本书展开的基础——"人的身体是一个不可分割的复杂文本，其在先天和后天（或者说在自然界中微不足道，却被人类学家"隆重"地划分为文化的片段）的共同作用下，被编码和决定"。在这个问题上，我们很难想象还有比这更坚定的表述。生物符号学还通过提供一种更"文化友好"（culture-friendly）的方法，使科学和文化相关的学科更容易地汇聚在一起。正如迪肯（Deacon 2012a：541）所言：

> 是时候认识到，在物理解释的结构中，存在着讨论意义、目的和价值的空间，因为正是有了意义、目的和价值，实存的世界才与众不同，并发生内在的关联。

认为自然世界和致力于研究自然世界的科学应适用于与文化完全不同

的现实，并在这样的认识中进行文化研究，可能最终会让研究陷入一个无限循环。而今，生物符号学有望提供一种方法，来中断这一无休止的循环。

鉴于这项任务的艰巨性，本书无法涵盖所有问题，只试图聚焦生物符号学的某些方面，提出一些关于文化阐释的观点。这里所提供的生物符号学图景必然是有限的，不能构成一个综合性的梳理（最全面的梳理，参见 Favareau 2010a）。例如，关于生物符号学史方面，本书没有过多讨论冯·贝尔（von Baer）、鲍德温（Baldwin）、贝特森（Bateson）或罗斯柴尔德（Rothschild）；也没有用多少篇幅来讨论沙洛夫（Sharov）、帕蒂（Pattee）、马尔科斯（Markoš）等当代重要学者。此外，本书不可能涵盖所有的生物符号学思想，且因篇幅所限，关于意识、基因、功能、需求、效果/特性（Wirkzeichen/Merkzeichen）的关系，以及分布式语言，本书也未加以讨论。在生物符号学中有很多持续的争论，本书只讨论了其中涉及符码和解释的部分。尽管如此，我还是站在“巨人”的肩膀上，以我有限的视野为展现文化内涵尽绵薄之力。

早在 1996 年，霍夫迈尔（Jesper Hoffmeyer）就提出了一系列“清晰而彻底”的观点（Kull 2007：15）。某种程度上，本书只对他的观点给出一系列注释。本书还大量引用了库尔（Kull）、迪利（Deely）、佩特丽莉（Petrilli）和冯·于克斯库尔（von Uexküll）的论点，同时大量吸收了迪肯的见解。最重要的是，本书的总体指导思想源自西比奥克（生物符号学集大成者）的研究成果。还应该说明，除了本书旨在从生物符号学的角度阐明文化外，还有西比奥克、霍夫迈尔和迪肯三个人的同类主题论著，同样体现了生物符号学的文化内涵。他们不遗余力地讨论了诸多复杂概念，论述得清楚透彻，在文化解释上提供了许多深刻见解。

本书各章内容对应的要旨如下。

要旨 1：这可能是一个生物符号学的时代。现在该领域有了统一的、集中的文献梳理。

要旨 2：符号学是理解文化的钥匙，但符号学课题研究是在生物符号学的基础上展开和实施的。

要旨3：人类当然是“特殊的”，但既不是简单地“在种类上不同于”自然界中其他物种，也不是简单地“在程度上不同于”自然界中其他物种。人类的模型解释了文化的基础。

要旨4：人是一种自然的主体（anatural subject），人的行动主体性在自然界中并不独特。

要旨5：虽然伦理可能在短期内通过一个意愿程序维持，但从长远来看，它是一种从人类建模中产生的自然现象。

要旨6：“符码”是人类发明的概念。符码如果发生在自然界，它们的表现与在密码学中有所不同。

要旨7：人类受到各种约束。这些约束在本质上决定着人类的演化，但在产生特定文化结果的同时，也会限制某些自由。

要旨8：在扩展人类体验和认识的过程中，艺术和人文是其中固有的、不可或缺的部分。

最后一个要旨是关于“认识”的，它应该被视为本书所有论述展开的中心。生物符号学认为，将文化的丰富性纳入一系列自然机制之中并非权宜之计，因为一个简单的事实是，生物符号学不是把自然描述为机械的对象，而要研究生物如何“认识”它们的世界。我们将会明白，生物符号学的分支，尤其是“赛博符号学”（cybersemiotics），试图将这种“认识”理论化，并在文化方面提供可信赖的“认识”，而不仅仅是在科学方面。

当然，本书聚焦的一系列论点可能在区域范围内更说得通，而非全球范围内。由于本书立足西方视角，西方的人本主义（humanism）、自由主义和欧洲中心主义强有力地塑造了这样一种理解，即文化区别于自然并产生了所谓的自然之物。此外，在西方的亚伯拉罕宗教（Abrahamic religions）中，大自然扮演着为上帝和人类服务的角色。近来，西登托普（Siedentop 2015）提出，西方历史在长期的道德信念影响下，最终确立了个人在组织社会中的角色作用。世俗自由主义在中世纪就有了它的先行者，他们在文艺复兴之前就质疑过教会和国家的关系。西登托普所表明的是，个人自由在欧洲已成为一项基本的天然权利（natural right），并由一系列司法和意识形态措施保障其推行。将个人置于一种假定的自然状态，无疑有助于支撑文化和社会生活，使其不需要在更广泛的自然概念中长时间思考人类起源。因此，本书提到的生物符号学中所声称的“反人本主义”（anti-humanist），实际上可能只是一种虚构。在西方，在以个人为幌子将文化与更广泛的自然需求割裂开来的特定背景下，“反人本主义”观有其存在的必要。当然，在英语中，“文化/自然”是一组对立的概念，而在其他语言中不一定如此。生物符号学破除了二元对立，这是否能为识别出可论证的普遍性（不同于建立在欧洲中心主义和殖民主义的普遍性）提供一个坚实的基础，有待在这本书之外去求证。

接下来概述本书的八个章节和一个结论。

第一章是一篇精简的文献综述。然而，正如本书在一开始所称的那样，生物符号学的文献汗牛充栋，它们涵盖了众多复杂而相互关联的跨学科观点，本章只是在千头万绪中牵出一条脉络，给出与本书旨趣相适应的综述。

第二章介绍了生物符号学在一般符号学中的位置。思想的制度化往往是不均衡的、矛盾的，有时还会引发混乱，由此，本章试图为读者阐明符号研究中一些错综复杂的联系。

第三章针对达尔文引发的关于人类与其他动物是在程度上不同，还是在性质上不同的问题，讨论了生物符号学对这一问题的回答，论述了人类模塑过程所起的关键作用。其中重点讨论了生物符号学如何重新概念化语言的本质，以及如何有效地破除“例外主义”。

第四章探讨了生物符号学对人的关注，展现了生物符号学如何考察能动性、主体性、学习过程、环境因素和他者（otherness）等概念。

生物符号学的主要文化意涵，与符号过程的内在可能性有关，也与使符号过程得以转变成大体稳定之现象的约束因素有关。

第五章关注的是伦理。伦理是一个与人非常相关的可能性。本章认为，将伦理视为一种意志程式，会让一些突出问题被忽视。从生物符号学的角度来看，伦理可以视为源自“非自愿”的投射。

第六章研究了符号过程中恒定性的约束力。本章追溯了“符码”的概念，并讨论了“有机符码”思想中的恒定性特征。

第七章继续讨论约束因素，考察在跨自然的动态符号的过程中被遗漏或忽略的一些东西，以此来思考“抑制”和“约束”两个概念的优点。

第八章讨论了艺术和人文学科的认知、模塑驱动力，认为它们对维持人类体验、保存人类记忆和增强人类对世界的“知（knowing）”至关重要。

第一章

生物符号学时代

本章要旨有二：一是让读者了解有关生物符号学的基础文献；二是为本书所涉及的主要问题提供一些方向。就前一个目标来看，已经不可能像前些年那样写一个包罗万象的综述了。生物符号学的文献越来越多，一方面，新的成果［包括顶级期刊《生物符号学》（*Biosemiotics*）］不断涌现；同时，援引之前文献的新论文也越来越多，这些新论文都与生物符号学研究密切相关，其中，最明显的例子就是对冯·于克斯库尔（von Uexküll）研究的引用。在生物符号学到达如今的成就之前，包括他在内的第一代符号学家就已经去世了，但是在认知科学、系统论以及一般科学领域，仍然有大量的作品还在引用他的论述。随着 2001 年《符号学》（*Semiotica*）中关于冯·于克斯库尔特辑的（参见 Barbieri 2002）发表，以及 2007 年巴比耶里的合集《生物符号学导论：新的生物综合体》（*Introduction to Biosemiotics: The New Biological Synthesis*）的出版，生物符号学是否成熟的问题被提上议程。可以说，以下这些关键著作表明，在 2000 年举办第一次年度“生物符号学大会”（Gatherings in Biosemiotics）时，生物符号学就已经成熟。冯·巴尔（von Baer）和冯·于克斯库尔等第一代符号学家，以及普罗迪（Prodi）等早期生物符号学家们的研究为生物符号学的成熟打下了基础。

西比奥克、乌米克·西比奥克（Sebeok and Umiker-Sebeok）编，《生物符号学网络 1991》（*The Biosemiotic Web 1991*，1992）

爱默彻（Emmeche），《机器中的花园》（*The Garden in the Machine*，1994）

霍夫迈尔（Hoffmeyer），《宇宙中的意义符号》（*Signs of Meaning in the Universe*，1996）

迪肯（Deacon），《符号化动物》（*The Symbolic Species*，1997）

西比奥克、霍夫迈尔和爱默彻，《生物符号学Ⅰ》和《生物符号学Ⅱ》（*Biosemiotica I* and *Biosemiotica II*，1999）

库尔编，《雅各布·冯·于克斯库尔：生物学和符号学的范式》（*Jakob von Uexküll*：*A Paradigm for Biology and Semiotics*，2001）

马尔科什（Markoš），《生命之书的读者们》（*Readers of the Book of Life*，2002）

以上论著已然构成一个多样化的文献库，展现了来源于哥本哈根、塔尔图和布拉格三个不同流派的生物符号学观点，涉及从人工智能到语言起源的不同主题。在随后的几年中，许多各有特色的论著再次丰富了生物符号学文献库。

巴比耶里，《有机符码：语义生物学导论》（*The Organic Codes*：*An Introduction To Semantic Biology*，2003）

韦伯、迪普（Weber & Depew）编，《进化与学习：重新思考鲍德温效应》（*Evolution and Learning*：*The Baldwin Effect Reconsidered*，2003）

巴比耶里编，《生物符号学导论：新的生物综合体》（*Introduction to Biosemiotics*：*The New Biological Synthesis*，2007a）

巴比耶里编，《生命密码：宏观进化的规则》（*The Codes of Life*：*The Rules of Macroevolution*，2007b）

霍夫迈尔编，《生命系统的遗产：格雷戈里·贝特森作为生物符号学的先驱》（*A Legacy for Living Systems*：*Gregory Bateson as a Precursor to Biosemiotics*，2008b）

布瑞尔（Brier），《赛博符号学：为什么信息不足!》（*Cybersemiotics*：*Why Information is not Enough!*，2008a）

霍夫迈尔，《生物符号学：对生命符号和符号生命的考察》（*Bio-*

semiotics：*An Examination into the Signs of Life and the Life of Signs*，2008a）

马尔科什等著，《生命作为自己的设计师：达尔文的起源与西方思想》（*Life as its Own Designer*：*Darwin's Origin and Western Thought*，2009）

法瓦鲁（Favareau），《生物符号学概要》（*Essentials of Biosemiotics*，2010b）

迪肯（Deacon），《不完备的自然》（*Incomplete Nature*，2012a）

席尔哈布等（Schilhab et al）著，《进化的符号物种》（*The Symbolic Species Evolved*，2012）

罗曼尼尼和费尔南德斯（Romanini and Fernandez），《皮尔斯与生物符号学》（*Peirce and Biosemiotics*，2014）

布伦塔里（Brentari），《雅各布·冯·于克斯库尔》（*Jakob von Uexkull*，2015）

除了以上著作，还有斯普林格出版社"生物符号学"（the Springer Biosemiotics）系列中的其他书籍，以及《生物符号学》期刊上的文章等。另外，生物符号学年会（见 Rattasepp & Bennett 2012）也是当前该领域研究的重要阵地。

鉴于总结工作繁杂，本章仅限于讨论影响本书后面论点的问题，将集中解决引发一系列问题的一个生物符号学基本问题。该基本问题是："自然历史如何成为文化历史？"（Hoffmeyer 1996：viii）。可以说，这个问题指引着生物符号学的形成，并促成了本书。当然，这一问题处在生物符号学一系列被广泛应用的概念之后，如符号自由、符号生态位（semiotic niche）[1]、自然主体性、支架理论（scaffolding）、解释（interpretation）、环境界（Umwelt）和符号过程等。霍夫迈尔很好地总结了这些概念之间的联系（Hoffmeyer 2010a：34），即我们所在的星球在早期进化中见证了系统的发展，这是一个随着可预测性的增加，系统得以大量增殖的过程。这种增

① 生态位，是指一个种群在生态系统中，在时间空间上所占据的位置及其与相关种群之间的功能关系与作用。——译者注

殖部分源于有机体具有识别规律和预测何时能获取营养的能力。

> 起初，这样的预测活动会在一个非常简单的层次上进行，就像细菌“选择”沿着营养梯度向上游动，而不是干等养分自行到来。逐渐的，这种预测天赋会抓住任何偶然出现的改进可能，并因此而开始持续进化以创造更具符号自由或者解释性（interpretance）的系统（细胞、生物体、物种），而系统的能力则被定义为区分环境界或自身内部状态的相关可感知参数，它们被用来产生意指和意义。符号自由度的提高，意味着随着各种符号能力的增长，会形成对应的（局部的）“充满意义的”解释项（interpretants）。由于符号自由允许一个系统“阅读”环境中的各种“线索”，它有助于生物体适应环境。

在这里，我们有可能见证不同类型的活动，知晓不同符号过程如何随着时间推进而展开。这里谈到了“预期”，在“细菌”的例子里，它只是一种原始活动，但是“预期”对人类来说，却会以特定的形式发挥重要作用；谈到了“选择”，并暗示是自由的程度和行动主体性（agency）在决定选择；谈到了“识别”（recognition），它将一些现象与周围现象区别开来，是意义的基本形式；谈到了作为学习之进化的过程，就像预期得到了回报；谈到了自然形成的习惯（“倾向”），它具有规律性和不可变性；谈到了“解释性”，它是对符号做出反应的能力；谈到了有机体的内部和外部都有符号过程的参与，其中，机体的外部环境是“有意义的”，这是对符号生态位的一种描述；还谈到了“生物体适应环境”。这些议题将不止一次出现在以下章节中。但最重要的是，霍夫迈尔的描述有一个统一的观点，即认为自然界中的符号过程具有连续性。

生物符号学中的连续性概念，与皮尔斯（Peirce）的连续论（synechism）相符。皮尔斯认为，拒绝连续论意味着科学无谬主义（scientific infallibilism）。而科学无谬主义者坚信不连续性，因为不连续性使得他们仅仅通过测量就可以确定数理，“只要连续性存在，就不可能确定真实数量”（1.172）。对于无谬主义者来说，一些尚未确定的数量迟早会被确定，其中就包括那些无法确定的数量（1.172）。换句话说，哪里拒绝连续性，哪里就会确立可测量与不可测量的二元区分。对连续性的否定，以及由此而产生的二元性，也出现在文化分析中，其中一些分析正是在对生物符号学的否定过程中进行的，这会在第四章中进行讨论。埃斯波西托（Esposito n. d.）[①] 对二元论和连续性进行了如下总结。

> 连续论是一种形而上学理论，认为宇宙是其所有部分连续构成的整体，没有任何部分是完全分离的、已决定的或确定的。通过符号过程，在一种力量（来自普遍存在的不可复归的关系共性）作用下，连续论越来越错综复杂，从而调节统一那些构成整体的基质（substrates）。作为一项研究计划，连续论是一种科学信念，试图在被认为永远存在的不连续性中寻找连续性，在被认为仅有二元关系的领域探索符号关系。连续论和实用主义相辅相成：连续论为实用主义提供理论基础，并使用实用准则来明确实验性活动的可能结果。实用主义通过揭示和创造关系来丰富连续论内容。

正如皮尔斯（7.570）所表明的，“连续论永远无法忍受二元论，后者用斧头进行分析，留下不相关的组块作为终极元素”。皮尔斯（5.570）还补充到，连续论认为物理和心理现象绝非完全不同，只是有些更加具有精神性和自发性，有些则更具物质性和规律性，“所有的这些（现象）都表现出自由和约束的混合，并处在有目的的状态中”。皮尔斯将现象看作是连续的并具有规律性，在他看来，这种连续性是符号过程所固有的，这一观点与生物符号学一致。埃斯波西托补充道：“如果没有一个能够表达出关系普遍性的宇宙，符号就不可能存在。但事实是，符号确实存在，因此关系普遍性就是我们宇宙的特征之一。”连续论不是简单地识别个别法则，而是识别作为整体的支配法则。因此，连续论是一个被皮尔斯的第三性（Thirdness）范畴（见下文）所覆盖的原则。第三性本身接受规律，并与看似离散的第二性有关范畴嵌套。最重要的是，连续论并不区别看待心灵与肉体、自我和他者以及自然和文化，除非在非常特殊的情形下，比如当符号过程伪装恒定时，才会让这种区别暂时存在。

---

① 本引用文献为网络来源，原文没有日期，本书作者在正文、参考文献部分用“n. d.”（没有日期）标识，译者在此沿用这一时间标识。——译者注

当然，物质如何成为思想，若以连续论的视角来回答这一问题，总是很困难，这常常使得人们转向简单的二元论（Delbrück 1986）。皮尔斯注意到了物理学和进化论的棘手之处，“机械的因果关系如果是绝对的，那么在物质世界里，意识就无事可做；并且，如果心灵世界只是物质世界的翻版，那么甚至在心灵领域，意识都无事可做”（6.613）。然而，他补充到（6.613），即使是机械的动作也涉及某种心灵，当恒定性减弱时，我们便有可能瞥见心灵的存在。

> 即使物质只是被根深蒂固的习惯所奴役的心灵，心灵的法则仍然适用于物质。根据这一法则，意识随着习惯的形成而消退，并因为习惯被打破而被激活。而头脑中最高层级的心智能随时养成、放弃习惯，这意味着某种程度的知觉，这种知觉既不强烈，也不微弱。

当然，这个问题不是简单一句话就能解释清楚，而只能用宏大理论来理解。最近，迪肯（Deacon，2012a）在一本复杂但论辩清晰的书中进行了相应讨论，这便是《不完备的自然》（*Incomplete Nature*）。

在这本书中，迪肯（Deacon，2012a）开篇就谈到“物质与心灵”的问题，他通过侏儒（homunculi）传说或傀儡假人（golems）传说等进行例证分析，在这些观念传说中提炼出其中内含的一种“机器中的幽灵”（ghost-in-the-machine）[①] 式的心灵永恒退化观。迪肯的这种分析形式很适合于文化分析。文化分析的代表人物，比如阿德勒（Adler 1967）就经常用这种“幽灵”观来支持人类是“不同类”的论点（见下文第三章）。类似“龟背上的世界”[②] 的观念，以人类物种的独特性为由，回避了解释性原则，转而支持认知起源神秘论。迪肯从以下两个观点来发展自己的论

---

① 机器中的幽灵（ghost-in-the-machine）是英语中的一个习语表达，指的是人类意识思想作为一个实体，和身体不同并分离，它的延伸意义是，电脑系统中的人工智能带来虚拟的意识。这个短语由英国哲学家吉尔伯特·赖尔（Gilbert Ryle）提出并成为他强烈批判的一种观点。参阅链接 https://idioms.thefreedictionary.com/ghost + in + the + machine（查询时间：2023 年 2 月 15 日）。——译者注

② 龟背上的世界（turtles all the way down），指的是一种无限递归的逻辑，它本意大约是来自这样一种观点，即这个世界是一只大龟背着的平地，而这个大龟又被另一只更大的乌龟背着，如此无限循环。——译者注

点，一是认为自然本质上“不完备”，二是认为自然往往不是由条块明晰的材料构成，而是由与外部过程或尝试实现某事的相关“内意向性”（en-tentional）现象构成。内意向性现象的一个明显例子是“信息”，内意向性也是各种行为的特征，比如那些“主体性”行为。对迪肯来说，试图通过计算模型来理解意识的尝试是一个可悲的错误，正如皮尔斯所认为的，在不考虑意识的情况下理解物质的进化是错误的。内意向性现象的存在表明，对物－心关系的探求应从什么“不在那里”（not there）出发。

自然选择“不在那里”，解释也“不在那里”，那什么是“那里”（there）？“存在”之物取决于特定类型的“约束”，这些“约束”通过限制或排除，在自然各个领域创造规则或冗余，从而决定“那里”（见下文第七章）。就像皮尔斯的术语“习惯”（在生物学中沿用时间较长）一样，“约束”是进化的中心，它引入了自然界的恒定性，且不同于绝对主义的“法则”。皮尔斯（6.101）对“习惯”进行如下描述。

> 在构建哲学假设的最高指导原则——连续性原则的理论之下，我们必须将事物视为心灵。这一习惯已经固定，进而失去了形成和丢失习惯的能力。然而，心灵被视为一个极端复杂和不稳定的化学属（chemical genus），它显著地习得一种习惯，即获取和搁置诸习惯的习惯。这与法则的根本分歧必然是最大的，虽然可能远达不到可直接观测的程度，但其影响是，让心灵的法则保持自身那种极具流动性的特点，以模拟对法则的偏离。（6.101）据笔者看来，所有的这些构成了一个可以通过实验来检验的假设。

迪肯（Deacon 2012a：183）注意到，在皮尔斯的描述中，习惯产生“习惯”，这符合皮尔斯所认为的心灵和符号在自然界中是连续的这一观点，这一观点也是生物符号学的核心观点。但是迪肯引入了“约束”这一概念，以便给“习惯”一个更精确具体的表述。

迪肯在对习惯的“修正”（revision）中，注意到一个关键问题就是，在一个习惯中，什么是内意向性的，或者是缺失的——与生理过程（如饥饿）和心理过程（如美丽）有关的一些抽象名词，而这些又是什么“不在那里”的问题。随后的思索中，他参考了“形变动力学”（morphodynamics)，关注自然界的形态行为，包括自组织性和规律性的形成，还参考了“目的动力学”（teleodynamics)，关注存在于生物有机体中的动力或能动性。基于以上论点，迪肯提出，目的动力与形态动力共同创造了“自我”。内部和外部世界动力的交互作用，包括保护性围护（encasement）和选择性渗透等进化过程，是这种行为的关键（2012a：471）。正如迪肯（Deacon 2011）所言，目的动力学“使我们的问题从‘物’跨越到‘何物才是主因’（from matter to what matters)”。就自我与他者而言，“约束”不仅是障碍，也是可能性的源头，它们“可以成为其所是的原因”（2011）——“约束”能够维持、记忆并且让自我再生。这类自我创造的目的动力系统被迪肯称为“自生体”（autogen）（2012a：307）。自生之所以重要，迪肯（2011）认为有如下原因。

> 生命和意识的起源都依赖于自我的出现。两者的组织核心都是一种自我创造（self-creating)、自我维持（self-sustaining)、约束生成（constraint-enerating）的过程。
>
> 最终，这种相互的、自组织的（只体现在神经信号动力中的）逻辑必须形成自我意识核心。我们可以从发生动力学来构想神经元过程，重新建构精神生活的诸多方面。例如，在调节大脑信息生成过程的自我组织动力中，情感体验与新陈代谢的作用密切相关。这是因为自我组织的过程是在一个系统不断被扰动，从而失去平衡时产生的。

他补充道，功能性磁共振成像（fMRI）和正电子断层扫描（PET）的图像可能提供了意识唤醒的证据。意识唤醒并不是固定唤醒一个位置，而是根据大脑可供应的能量，在不同区域间移动的。

以上综述并没有恰如其分地表现出迪肯描述的细节、进展和全局，这些都必须回到原书中去阅读寻找。事实上，任何综述都会存在跳跃。《不完备的自然》一书没有囊括所有方面，但确实包含了最具可测性和嵌套性的过程。然而，这里要提出的有关连续性的观点涉及一个事实，即生物符号学对“物质与心灵”关系的解答和迪肯的解答很接近。这些解答本身就充分承认了有机体内部的符号表意对连续性很重要。内符号表意（Endosemiosis)，即身体内部的表意，是思考物质与心灵关系的重要组成部分。

西比奥克（2001a：19）给出了对该术语谱系和关联的分析。

> 真正的“内符号学”（endosemiotics）是由西比奥克创造的（1978，3；另见 Sebeok 1991a，第三部分，第一章）。雅各布·冯·于克斯库尔对符号的连贯且详尽的论述（Jerison 1986，143 – 144；Sebeok 1989d，ch. 10）导向了这么一个结果，即对于任何有机体来说，在其气泡般的私属环境界（Umwelt）（环境）之外，什么也不存在。尽管外界的观察者无法感知到那个私属的环境界，但后者并非保持绝对封闭的状态。有机体行为可以定义为：通过不同环境界之间的符号进行互动，其基本功能是产生非语言符号并用于交流，其中首先是该有机体与自身的交流。因此，有机体个体发生（ontogeny）中普遍的原始符号关系表现为自我（ego）和他我（alter）之间的对立（参见 Sebeok 1989d）。这种基础的二元分裂随后带来了符号过程的第二层维度，即内部和外部的对立。正是这种次生的对立使有机体能够“行动”（behave），并与周围生态系统中的其他生物系统建立联系。

虽然内符号过程作为一个概念还没有达到它应有的普及程度，但是迪肯证明了它在自我形成中所起的作用。当生命活动的社会性和文化生产被提上议程时，内符号过程便不可或缺。西比奥克（2001a：15）将我们对人体所了解的和不了解的都作为符号过程重要性的指标之一。

> （人体的）内部交流是通过化学、热、机械和电信号的运作或符号运算来实现的，其中包含了难以想象的复杂交流过程。单个人体由大约 25 兆个细胞组成，大约是当下地球生命数量的 2000 倍，并且，这些细胞通过不同形态的符号传递信息，相互之间都有直接或间接的联系。此种交互传播的密度之大令人震惊，而我们所知道的只是其中的一小部分，能理解的就更少。内部传输讯息所包含的信息是关于一个躯体方案（somatic scheme）的重要性：它对所有其他躯体方案的重要性、对每一个整体控制网络（如免疫系统）的重要性，以及对整个集成调节回路，尤其是对大脑的重要性。

在连续论中，这种被发现和未被发现的符号过程，既不能脱离人类环境界的更高级过程，也不能脱离比如主观性这样的体验。

本书中反复出现的概念环境界来源于雅各布·冯·于克斯库尔。现在有很多于克斯库尔作品的英文译本（von Uexküll 1992，2001a，b，2010），还有越来越多的论文，它们详尽地阐释了他的研究（Deely 2009b；Kull 2001 中的论文；Brentari 2015）。本书不对这一概念进行全面阐述，但有必要在这里提供一个简要的概述，因为后面的章节将不断使用环境界这一概念，但并不会每次都进行定义。从逻辑上出发考虑内符号过程，必须使用环境界这个概念；理解语言在生物符号学中的地位，也必须借助这一概念。于西比奥克而言，与“Umwelt”一词最为相近的英文词汇是“模型”（model），即“有机体都是通过模型来进行交流的（又称环境界或自我世界，来自物种特定的感觉器官），从最简单的动作描述到最复杂的牛顿和爱因斯坦的宇宙理论，都是如此”（Sebeok 2001a：21－22）。

因此，环境界是有机体“捕捉‘外部现实’”对符号过程做出反应的方式。最重要的是，在有机体感觉器官的感知范围内，环境界是由符号的循环和接收组成的。感官不可或缺，对此，冯·于克斯库尔（2001a：107）提出以下观点。

> 我们周围是一道越来越密的感官保护墙，从身体向外，触觉、嗅觉、听觉和视觉像越来越薄的衣服，它们一层层地包裹着我们。
>
> 像衣服一样包裹着我们的各种感官，我们称它为人类的环境界。它被分为不同的感觉区域，当物体靠近时，这些区域一个接一个显现出来。对人类来说，所有远处的对象都只是视觉对象，当它们靠近时，就会变成听觉对象，然后变成嗅觉对象，最后变成触觉对象。最后，当物体被放入口中，就成为味觉对象。

不可否认的是，环境界正是建立在这种物种感觉的身体现象之上的。狗的环境界部分源于其敏锐的高音听觉，与听觉集中在低音的人类相区别。不幸的是，狗和人类的环境界所缺失的部分都对各自的生存构成了潜在威胁，尽管这种威胁是有限的。狗和人类也有共同点——例如尽管人类和狗有不同的生理和认知结构，但都会感觉饿——这凸显了地球上生命形式的连续性。因此，任何物种都“居住”在它们的环境界里。霍夫迈尔

(2008a，200）考察了环境界中生命的不稳定性以及环境界的进化“效率”，并对一只飞蛾进行了记录。

> 一只飞蛾几乎身处于一个完全无声的环境界中，当为了应对蝙蝠约20000赫兹的致命频率时，它仍然保持着一个窄窄的感受能力通道。当蝙蝠离得很远时，飞蛾的感受器官会回避声音；但当蝙蝠靠近时，飞蛾会突然以不可预测的方式移动。换言之，飞蛾表现出受环境界控制的行为特征。

人类的环境界显然无法让人类如此敏锐地察觉蝙蝠的存在，但仍具备其他的显著特征。与其他动物相比，人类环境界的一个重要特点是复杂多样。人类拥有的感官，虽然在一些高度专业化的领域，可能不及一些动物的感官，但人类的感官作为一个整体，比任何其他动物都要精密得多。生物符号学发现，一个复杂的环境界有很多优势，正如霍夫迈尔（1996：58）所指出的，其中一个主要优势是“预见性”（anticipation），而这与符号自由相关。另一种说法是，环境界的概念有助于理解物种世界，就人类而言，通过环境界，我们得以研究一种文化倾向，即人们可以投射出各种可能世界（possible worlds）：虚构的投射和有关道德的投射，以及有关逻辑、科学、第三性的投射，而且人类可以有根据地进行猜想，或者如皮尔斯所说的“试推”（abduction）。除了扩展对艺术活动和人文规划领域的理解外，环境界的概念还为感知和思考提供了多方面的视角。例如，霍夫迈尔（1996：117）指出，与人类环境界相关的意识可以启动或关闭大脑相关区域，显然这有助于人们忘记痛苦并记住积极的事情（Sedikides & Green 2004）；这可能也是享用文化制品不可或缺的一部分。文化分析普遍认为，再现行为——无论什么形式的再现（“地图不等于领土”[①]）——必然涉及选择，既然如此，为什么人类常常看起来很包容，甚至享受仅仅再现一种不可再现性，或者为什么他们可以悬置怀疑，这些迷思很少在文化

① “the map not being the territory”源自波兰裔美国哲学家阿尔弗雷德·科日布斯基（Alfred Korzybski）的一句口头禅“the map is not the territory”，用以说明一个事实，即人们总是把现实模型和现实搞混。——译者注

分析中被系统地讨论（除了关于“现实主义”的讨论）。相反，它们被归入推测美学的研究对象之列。

还应该提到与环境界相关的另一个附带的问题：存在着一个世界，这个世界凭借物种的符号过程能力是无法到达的——从某种意义上说，这个世界是“真实世界”（real world）。这显然是一个哲学问题，然而，它确实存在且需要加以厘清。在一个物种的环境界中，有各种各样的“幻觉”，这些“幻觉”因为符号而被曲解、被忽视，或者它们之所以产生，是因为符号没有充分地表达现实。然而，正如西比奥克反复声明的那样（Sebeok，1986：14），他也常将这一点追溯到弗朗索瓦·雅各布（Francois Jacob），后者认为，在一个特定的环境界中，既然物种能够生存，这就可以作为一个证据，来证明那个环境界可以很好地引导物种去把握现实，这个现实是一个可行的准确模型。如果一个环境界误导了物种对现实的把握，并且错误不可挽回，那么该物种就无法生存。虽然哲学问题不是本书的焦点，但它依然有力地支撑了生物符号学中的实在论，并为下文的一些论述提供了依据。

人类不仅具有区分世间各种对象的强大能力，还能想象新的对象，包括虚构的对象——这就是人类环境界的特征。人类的这种能力与人类环境界的主要构成之一——言语的递归潜力相一致。这一话题将在第三章中特别讨论。然而，在此之前，有必要先行探讨该话题中的“规约符号指称”（symbolic reference）概念，因为这一概念会在本书中反复出现，它也亟待澄清。在众多生物符号学思想家中，迪肯（Deacon 1997；参考 Csányi 1992）提出语言的进化解释背后存在诸多问题，这些问题源自千年来的进化变异传递出的一个复杂模塑系统。首先，他质疑为何没有“简单”（simple）的语言（1997：43－44）；然后，他主张“进化无法建立先天的法则、先天的一般原则和先天符号范畴”（1997：338）。因此，迪肯提出，在人类进化过程中，脑容量的扩大，不是符号使用或语言的原因，而是其结果。换言之，迪肯的论点是：人类大脑，尤其是人类意识，是一个漫长而复杂的发生过程。实际上，任何“存活的有机体都是因果循环的复杂历史后的最终产物，这一历史过程撒开越来越大的网，捕获规律之源并放大它们”（Deacon 2003：305）。人类大脑和语言的共同进化，意味着大脑必须为了语言的发展而进化，且必须根据语言的要求来发展，其产物就是“符号指称”。

“符号指称”是一种特殊现象。“符号指称”不是仅仅建立在“任意性”观点上的——“任意性”观点认为人类使用“任意的”语言符号，而且这种“任意性”将语言和其他形式的交流区分开来。

> （任意性）是通过否定的方式来定义符号，其基本意思是，相似性和相关性都不是符号的必须要素。尽管相似或相关是描述符号指称的一种常见的便捷方法，但都不够。所以，所有的符号关系都必须包含一定程度的任意性，因为那些作为“符号－对象”连接基础的特质可以从多个维度中被选择。因此，根据解释过程的不同，任何事物都可以被视为具有像似性或指示性的符号。（Deacon 2012b：11）

解释过程对符号指称的生成至关重要。任意性和规约性可以通过符号指称实现，但是并非强制如此。迪肯（2012b：11）指出，宗教符号有时就会使用像似符来引出深奥的抽象概念。此外，具有显著规约性的语言符号还有允许符号运作的其他功能。他举了一个用作蜡封的图章戒指的例子。蜡印和戒指之间的关系是像似性的［用皮尔斯的话来说，是共享品质（sharing qualities）］，压蜡的动作是一个指示符［用皮尔斯的话来说，这一符号是被戒指和蜡的在场引发了的（was caused by）］，即代表皇室的图章戒指作为规约符，是建立在它的像似符和指示符基础之上的。所以说，“在不熟悉整个关系系统的情况下，这些非规约性构成就只能是像似符和指示符”（2012b：13）。在这个例子中，符号的解释过程——包括理解印蜡在内——是至关重要的。可见，对规约性的解释比对指示性或像似性解释要复杂得多。

这并不是作为人类特性的符号指称问题的终点。正如迪肯所指出的（Deacon 2012b：16），皮尔斯一贯将符号表意理解为一个符号导向另一个符号并以此类推的连续过程。在语言中，为符号指称提供支持的基础架构具有“难以置信的规模和复杂性”（Deacon 2012b：17）。由此，语言的这种基础结构需要加以解释，并进行更深入的考察。与迪肯（Deacon 2012b：1839）在语言中发现的一系列约束相比，蜡印活动中的符号约束显得微不足道。

（A）符号约束（Semiotic constraints）

1. 递归结构（Recursive structure）［仅有规约符可以提供非破坏性（非透明，opaque）递归］

2. 述谓结构（Predication structure）（规约符必须绑定到指示符才能指称）

3. 传递性和嵌入约束（Transitivity and embedding constraints）（指示性取决于直接相关性和邻接性，并且是可传递的）

4. 量化［规约化指示符需要再细述（re-specification）］。

5. 约束可以先于语言反馈而以实用的方式被发现和“猜到”（通过与非语言像似性和指示性体验的类比）

（B）过程约束（Processing constraints）

6. 分块－分支架构（记忆约束）

7. 算法正则化（程序自动化）

8. 神经基础将根据处理逻辑而不是语言类别而变化

（C）感觉运动图式与系统发育偏差（Sensorimotor schemas & phylogenetic bias）

9. 标准图式/框架单元（通过认知借用）

10. 声音接管（用于模仿的最佳媒介）

（D）传播约束（Communication constraints）

11. 符用约束（Pragmatic constraints）（沟通角色与话语功能）

12. 特定文化期望/禁忌（例如，独特的指示习惯、话语视角的标记方式、某些表达类型的禁忌等）

单从以上列举的一系列约束类型，我们就可以很容易明白迪肯的一些结论。首先，复杂的解释过程是符号指称的核心；其次，虽然符号约束很可能是从前语言阶段开始习得，但它们却是如此广泛地存在，以至于被人们认为是先天就有的。幼儿习得一门语言的过程是“从约束中发生的，这些约束隐藏于符号指称和解释过程这些符号基础的背后”(2012b：24)。符号指称表明它起源于有机进化，而非机器计算，“我们要是想找到一种方法在硅基机械中设计符号思维，通过电子而非化学和离子方式进行信号处理，或可期待出现一些非常不同的结构”(2012b：32)。

总的来说，迪肯对语言的研究仍然忠实于一种连续论，本书正试图将这种连续论阐释为生物符号学的一种主要文化意涵。伴随而来的还有一系列更加哲学化的观点，在推进本书的论述之前，十分有必要对它们先行阐明。这些观点与实在论相关。实在论源于环境界的概念以及皮尔斯的符号过程理论，后者以符号三元理论为进路，代表了符号研究的一个划时代转变。事实上，在拉丁哲学晚期，哲学家约翰·波因索（John Poinsot）的著作中就已显现了皮尔斯理论的前身（参见 Poinsot 2013），然而皮尔斯的三元论是如此彻底，以至于它完全重新调整了对符号类型的理解。皮尔斯将现象分成三类，并将它们分别称为第一性（Firstness）、第二性（Secondness）和第三性（Thirdness），这三类对皮尔斯的符号理论至关重要。第一性的范畴比较难想象，通常是从“感觉”的角度来理解。第一性不具有任何关系，它不能被认为是与另一件事物相对，而仅仅是一种“可能性”。它就像一个音符、一种模糊的味道或一种颜色的感觉。第二性是属于关系引起的原始事实（brute fact）的范畴，比如我们在关门却发现门被物体挡住时所体验到的感觉。推门与关门失败之间的关系，就是一种第二性范畴的构成。另一方面，第三性则是一般法则的范畴。门前的重物可以防止门被关上，这一法则就是第三性的一个例子。

总而言之，第一性与“可能”相关，第二性与“原始事实”相关，第三性与“拟真（virtual）”相关（1.302；1.356；EP 1.243）。对皮尔斯来说，这就是符号赖以运作的框架。类似的，符号自身的构成也是三元的：符号（或称“再现体”）、对象（符号所指的对象——无论是在头脑中还是在现实中），以及解释项（解释项是三者中最复杂的一个）。这里的每一个都对应于三种现象范畴中的一种，符号/再现体是第一性，对象是第二性，解释项是第三性（2.228）。

解释项从符号中产生，其“意指效力”（Zeman 1973：25）在于，它经常是另一个符号，并通常，但不总是位于头脑中。符号三元论的进步性就在于解释项的双重职能。首先，解释项搭建起符号关系，建立了再现体与对象间的符号构造。当某个人用手指（再现体）指向某物（对象），只有当另一个人在指出的手指和“被指向”的某物之间建立起联系，才能构造出符号，其中，正是解释项达成了这种联结。如果这个人是把手放在身后，用手指做出指向的动作，同处该空间的其他人是看不到的，那么无论手指怎么指向，我们都不能称其为符号。换言之，这一情形未产生解释项。解释项的第二个特点在于，任何人看着手指所指的东西都必然会产生另一个符号（例如，手指指向墙上的画，旁观者会说，“提香”）。所以解释项是另一个再现体，“一个等价符号，或者一个升级了的符号”(2.228)。解释项本身成为一个符号或再现体，这一事实相当于“解释项反过来成为一个符号，如此循环往复无休止”（2.303）。艾柯（1976）由此得出结论，符号由一条链构成。同样也可以说符号存在于解释项网络系统中（1.339），其方位由当时的环境决定。符号并非是超主观（suprasubjective）的，就像一个被符码化的独立存在体一样，相反，它的构成方式使其非常易受情境因素影响。

当皮尔斯将所有符号纳入类型学分析时，他实际上开启的是一项毕生未竟的事业，他在晚年可能考察了多达 59049 种不同的符号类型(8.343)。这些考察都是从与符号三元（代表着第一性、第二性和第三性的符号形式）的三个层次相关的三种现象类型（第一性、第二性、第三性）中来的。

	1.	2.	3.
1.	质符（Qualisign）	单符（Sinsign）	型符（Legisign）
2.	像似符（Icon）	指示符（Index）	规约符（Symbol）
3.	呈符（Rheme）	述符（Dicisign）	论符（Argument）

此表格中的三列（横跨表格顶部）是已经讨论过的三类现象（如上文)。三个水平行（在表格左侧标记）是指形式层面的符号三分（第一性 = 符号/再现体；第二性 = 对象；第三性 = 解释项）。两个轴的相互作用

便产生了不同种类的符号。

第一行——符号/再现体层级——产生三种基本类型的符号：

质符——这类符号的特质在于它意指一种品质；

单符——这类符号的特质在于它意指一种实际存在的物或事实；

型符——这类符号的特质在于它意指一种普遍法则。

第二行——对象层级——产生了另外三种符号：

像似符——这类符号包括那些与对象共享某些品格（character）的存在物；

指示符——此类符号包括那些与其对象存在实际的物理联系的存在物；

规约符——此类符号仅仅通过规约或习惯而与其对象相关。（因为与对象的指称相关，这种符号三分法是迪肯进行研究的基础）

第三行——解释项层级——产生三个更高级别的标志：

呈符——此类符号由意指一种可能性或观念的法则构成；

述符——此类符号由意指一种事实的法则构成；

论符——此类符号由意指一种推论或逻辑的法则构成。

这种相对简单的三元模式如何能够生成大量的符号类型（例如：呈符性规约符）（rhematic symbol）与组合，以上已经是一目了然了。此处不再对这些符号类型展开论述［参见 Merrell（2000）所做的介绍性研究］。然而，需要注意的是，较高层级的第三性符号是通过对较低层级符号的嵌套而产生的。这也是我们遵循迪肯的自然界符号过程论（account of semiosis in nature）的基本要求。更宽泛地说，正如其他生物符号学家在皮尔斯之后所证明的，连续论属于第三性关系的问题，前文也已简要提及了这一点。它遵循所有领域符号过程的一般规律，而非关注单个的符号或某一符号类型。然而，皮尔斯确实强调了不同符号类型相互重叠和融合的方式，因此它们的名称仅表示一种趋势而非固定状态（8. 335）。对于本书所讨论的生物符号学意涵而言，更为关键的可能是符号作为关系——而不是作为类型符或个别符——的运作机制。

正是通过将符号视为一种关系——尤其是涉及符号、对象和事物的关系——我们找到了生物符号学与皮尔斯符号理论之间的基本联系。这种联系常常被忽视，但它对于生物符号学来说是必不可少的，哪怕有时它并不被承认。正如迪利所坚持的那样——

> 有符号存在，就有符号之外的事物存在，比如那些我们在当下乃至在整个人生中都未知晓的事物；那些在我们之前就已经存在以及在我们身后将存在的事物；那些仅作为我们社会互动结果而存在的事物，比如政府和旗帜；那些存在于我们一系列互动中的事物，比如白天和黑夜，但这些事物并非完全由这些互动产生，或至少不是因为它们"属于我们"，其中有些事物在某种原初意义上是从我们身上涌现出来的（1994：11）。

另一方面，符号对象就是"事物一旦被体验就会成为的东西"（1994：11）；其中体验总是通过物理的、知觉的形式发生。从这个意义上说，即使像独角兽或牛头怪这样的存在，也可以被视作文本有形标记（physical marks）所具化的对象。但迪利认为，"体验之物"——一个符号对象——需要的不仅仅是具体化，比如罗马斗兽场和凯旋门在我们之前就存在，在我们之后也可预见将仍然存在，关键是它们的存在本身就是人类符号（anthroposemiosis）（生物符号过程的一个部分）的产物。仍有很多东西——比如地下的某些金属物质和宇宙中的一些东西，正如迪利所说（1994：16）——尚未为人类符号过程所触及。

因此，符号对象有时与事物相等，甚至可以"将它们自己呈现得'好似'只是单纯的事物"（1994：18）。同样，一个符号有时似乎只是体验的对象——蜡烛的光、玫瑰的香味、枪体的闪亮金属，但这也意味着它超越了自身。为了让它成其所是，一个符号必须不仅是一种物理事物，也不仅是被体验的对象，还应被体验为一种"双面关联"（doubly related）（Deely 1994：22），在某一方面（或简而言之：在语境中）代替其他事物。迪利借用冰山顶端的形象进行说明：顶端作为一个符号对象进入我们的体验；同时，它本身就是一个实际的物；更为重要的是，俗语“冰山一角”也是一个符号，意味着“其下还有更多东西”。然而，一个重要的推论在于，冰山一角下无论有什么，都不是我们可及之物。体验有可能成为符号对象，经由体验所激起的感知、感觉和后果也只能作为一种符号来使用。正如皮尔斯那句名言所说的，“试图剥离符号而去探寻真实事物，就像试图剥开洋葱去探寻洋葱本身一样”（参见 Brent 1993：300 n. 84）。

因此，事物、符号对象和符号都包含与现实的某种关联。也就是说，存在（ens）的划分，从第一认识对象上（primum cognitum）分为独立于心灵的存在（ens reale）和依赖于心灵的存在（ens rationis）。迪利（2005，2009a）明确讨论了这种划分及其后果，并在研究中处理了有关动物及其环境界的划分问题（1981：221）。

> 符号学的分析提供了一种立场，它优于、实际上超越了传统的划分方式，即将存在分为独立于心灵的存在（ens reale）和依赖于心灵的存在（ens rationis），因为在符号中，正如在体验中一样，两种存在形式都有。

人类生活在符号当中，其他动物也同样如此，但人类是“唯一能够认识到符号的存在（与动物的认识和使用不同）并能够发展符号意识的动物”（Deely 2005：75）。完全阻碍符号意识，一直都是康德唯心主义“物自体”（ding an sich），即不可知的实体，这一观念的突出特质。在笛卡尔和现代派之前（也在迪利所谓的超现代主义，或被误称为后现代主义的那些流派之前），波因索的托马斯主义提供了实在论方法来全面理解符号意识（Deely 2005：76）：

> 符号学恢复了经院式实在论坚持的那种可知的实体存在（ens reale）；但与此同时，符号学还证明了在生物有机体中，无对象的虚拟存在（ens rationis）在特定物种现实的社会建构里具备客观性。凭借这一双重成就，符号学展现了人类这一物种在文化现实方面的独特性。在此，人类通过把握作为第一认识对象的存在（ens primum cognitum），使独立于心灵的存在与依赖于心灵的存在之间的差异可知、可辨。

这种符号意识发展的关键就是理解事物、符号对象和符号之间的差异以及它们之间的关联方式。

区分事物、符号对象和符号之后，符号学的另一个任务就是要准确定义符号是什么。对迪利（1981：120）而言：

> 关系涉及三个基本要素：（拉丁思想家们所谓的）基质，用我们的话来说就是个体的某些特征；关系本身，它超越个体，属于超主体及主体间（supra-and inter-subjective）；事物通过其基质相互关联的部分，被称为关系的项（term）或端点（terminus）。

对许多人来说，整个符号就是一种再现行为：一些实体替代了自身之外的其他实体。其中的差异十分关键，但它并非是符号的全部。被认为是符号的东西——基质（ground）和端点之间的关系——往往被证明是错误的。符号真正的关系由基质、端点和关系三元构成。此外，波因索描绘了与对象相关的符号的功能。同样地，再现关系必须与表意（signification）关系相区分，这是因为一个对象可以再现其他事物及自身，然而一个符号作为其自身的符号则是矛盾的。符号仅在作为自身以外之事物的符号时，我们才称其为符号。最后，波因索强调，符号中的关系与其说是超主体的（suprasubjective），不如说是语境化的（contextual）：在一组情景中，符号中的关系可能是独立于心灵的实体存在（ens reale）；在另一组情景中，它可能是依赖于心灵的虚拟存在（ens rationis）（Deely 2004）。

符号中的关系是语境化的，这对于理解环境界怎样适用于不同物种极为重要。非人类动物的环境界正是迪利所说的“客观”世界（2009a），动物所遇到的现象与它们感觉器官生成的体验有关，这些现象只能是“客体”，即不是它们完整独立的生理“现实”中的独立现象。人类所拥有的符号资源以及使用、识别符号的能力，意味着人类能在符号、对象和事物间进行转换。因为知道符号的存在，所以人们能理解为什么符号对象没有办法捕获构成事物存在的所有内容。人类如果发展出充分的自我意识，就有可能计算出使用符号时在依赖心灵（mind-dependence）与独立于心灵（mind-independence）间切换时摆动的幅度。这种自我意识或许也是人类的符号指称活动得以运转的原因。迪肯（2012b：19）指出，“非人类交流仅通过像似性和指示性符号指称进行，因为只有人类的交流活动是规约性的，这也解释了为何递归结构的交流仅仅出现在人类之中。”人类对符号状态（signhood）的了解，在独立于心灵和依赖心灵间转换的潜力，显然都与符号指称能力相关，后者便嵌套着像似符和指示符。这一能力还与人类预测、想象、投射新世界和重新创造体验的能力有关。

在这里同样需要强调的还有“体验”。迪肯认为，因为解释过程在像似符、指示符，尤其是规约符的使用中处于中心地位，所以“意义”所涉及的体验与文化内涵密切相关。对此，布瑞尔（Soren Brier 2008a：87）有如下观点。

> “意义”是基于共同体验的耦合结果，是所有语言、符号过程的重要基础。词（word）并不携带意义；相反，意义是基于感知者的背景体验而被感知到的。知觉对象（percepts）和词都不是符号，而是一种干扰（perturbation），其效力取决于系统的整合性（system cohesion）。

在最基本的层面，“意义”来自有机体的认知过程：这一过程确定某物与其他物相同或不同（参见下文第二章）。然而，虽然这种连续论的（synechistic）推理或许较为符合生物符号学及本书的观点，但它还是遗漏了不少东西。在这种连续论中，生物符号学似乎呈现为一种气势磅礴的“宏大理论”，另一方面，它还专注于有机体的行动主体性。因此，它虽然强调所有领域的集体活动过程和系统运作，也并没有忽视个别有机体敏锐感受到的体验。资产阶级人本主义思想默认通过强调“个人”来整合这种体验。在生物符号学中，这种“第一人称”（first-person）体验可能在“赛博符号学”（cybersemiotics）中最为突出。

“第一人称”体验这一说法指明，在系统的认识和运行过程中需要关注的是行动主体性，而非个人意志的意识形态建构。赛博符号学（Brier 2008a）是二阶控制论概念（second-order cybernetics' concepts）在生物符号学中的延续，它表明了第一性的潜力——第一人称在体验、情感和特质领域的基础地位，及其在第二性中的转换（transformation）充斥在我们观测动、植物世界的过程中。赛博符号学认为第二性不仅确定了符号关系，而且制定了符号约束。布瑞尔指出，第一性包括了所有已知的品质（例如蓝色、硬度、甜味），在它们固化成不变量的过程中，它们必须由一个可以将之识别为符号、习俗或规律的系统来解释。二阶控制论理论家冯·福斯特（von Foerster 1991）将这一过程称为“特征值”（eigenvalues），即由自然界中自创生（自我创造）系统的结构耦合来建立共识的稳定过程。这些“特征值”至少与皮尔斯所谓的解释项部分对应：头脑中的（进一步的）符号与另一符号共同出现以建立起符号关系，但同时这种符号衍生也会继续下去。因此，就像赛博符号学一样，皮尔斯提出了一门由认识进化到潜力、到发现模式，再到运作模式或习惯的进化科学，这是“一门关于习惯进化及让生命创造系统意义的科学”（Brier 2008a：274－275）。换句话说，皮尔斯提出了一门致力于研究“知”而非仅仅是产生永恒法则的科学，这也正是赛博符号学试图传达的内容。正如布瑞尔所表明的，皮尔斯式的生物符号学提供了一种比内在于二阶控制论和自创生论的意义和认知更完整的理论。作为回报，二阶控制论为生物符号学提供了一种将认知系统化、理论化的方法，同时增强了生物符号学的认知导向。

一般而言，赛博符号学对系统构成的强调，促成了生物符号学的跨学科性，而不是将生物符号学仅仅视为“生物学中的符号理论”。相反，生物符号学被认为是研究生活各个领域之体验的一种手段，包括第一人称体验。它将自然界中的符号学描述为生命形式如何“知”的问题，这不仅需要将文化视为一种与自然其他部分相连续的“知”，还意味着不同类型的文化实践可被认为与理解宇宙的科学实践一样有意义，而后者是生物符号学的一个主要文化意涵。正如本章试图表达的那样，这种文化意涵的根源在于一般符号学亦试图揭示文化差异下的第一人称体验。

第二章

符号学与生物符号学

生物符号学的一些文化意涵已经内在于符号学中，其中就包括符号学所带来的“平等竞技场”（levelling of the playing field）效应。也就是说，在审视文化时，符号学引发了全部文化制品的贬值，包括那些与生俱来的、后天取得的，或被认为伟大的文化制品。符号学的关键在于理解各式各样的符号系统是如何运作的。起初，这种努力集中在文化方面：符号学的一大关键就是“文本”（text），此概念由罗兰·巴尔特（Roland Barthes 1977a）和尤里·洛特曼（Juri Lotman 1974）在20世纪60年代初期同时创造（Marrone 2014）。与“作品”（work）这种体现作者更高天赋追求的术语不同，“文本”指向一种意义肌理，由习惯性的符号使用来连接特定的受众。任何符号集合都是一个文本，这一概念打破了所谓的“高雅”文化和大众文化之间虚构的分界。狭义文学（Literature with a capital L）至今还处在50年前符号学给其带来的大震荡中。符号学对其他领域和学科也具有类似的影响。例如，语言学不再对“多模态”（multimodality）问题躲躲闪闪。在过去的30年里，媒介和文化研究以有限但持续的“神话批评”（“myth criticism”，1971年被巴尔特放弃[①]）形式，接受了符号学。市场营销和品牌管理等方面的研究也紧随其后引入了符号学研究。也许，生物学正在为符号学最新的转向做准备。然而，就目前而言，最重要的是探讨符

---

① 20世纪70年代初，巴尔特的思想发生了重要转折。其中，1971年发表的《改变客体本身：今日神话学》（“Change the Object Itself：Mythology Today”）明确提出了超越《神话学》的理论构想，具有标志性意义。——译者注

号学在促进整个自然符号系统研究中的作用，其中包括通过人类活动嵌入自然的文化符号系统。

对业余读者来说，符号学知识范围庞大，但陈述过于简单，有时显得晦涩难懂，这是有历史原因和制度原因的，也许还有一些人类中心论的影响。“符号学”（semiotics）这一术语源自希腊语词根 seme，并被查尔斯·桑德斯·皮尔斯（Charles Sanders Peirce）所采用，他试图对宇宙中所有类型的符号进行分类。通过这种方式，符号学形成了继承自古代符号思想家的主要研究传统（参见 Sebeok 2001b）。然而，尤其是在欧洲，“符号学”（semiology）取得了巨大成功并流行开来，使广义符号研究在 20 世纪下半叶引起公众和学术界的注意。这一脉传统的符号学（semiology）是受瑞士语言学家费迪南德·德·索绪尔（Ferdinand de Saussure）成果的启发。他的《普通语言学教程》（*Cours de linguistique générale*，1916）预言，只要遵循他所制定的原则，就有可能发展起一门通用的符号学。20 世纪后半叶，符号学家们响应索绪尔的号召（例如 Barthes 1973；Guiraud 1975），他们将分析限定在特定范围的文化制品上，用广义的语言原则更好地阐释这些文化制品。随着（英语）文学研究、社会学以及马克思主义政治学的流行，在 20 世纪 60 年代至 80 年代期间，索绪尔式符号学在英语学界蓬勃发展起来。

自洛特曼、巴尔特之后，文本性（textuality）在符号学中获得核心地位。由此，一股思潮被错误地与符号学关联在一起，这股思潮于20 世纪后期，在人文社会科学中广受关注，即“语言转向”（linguistic turn），它由理查德·罗蒂（Richard Rorty）1967 年颇具影响力的作品集开创，融合了各种观点，其中一些在后来的英语文化研究中十分显要。知识是“在话语中构建”的，也就是说人对世界的理解不过是语言修辞格所虚构的，这一观点正是源于“语言转向”及（后）结构主义。正如后文将要讨论的，“语言转向”的唯名论立场与生物符号学中皮尔斯式的实在论并不一致。前者假定语言是基于“修辞格”（figures of speech）和“闲聊”（chatter）（见下文第三章），而不是将语言视为模塑活动（modelling）——模塑活动为生物符号学提供了一种更为精细复杂的认识视角。

语言转向衍生出一种假定，即人类生活的大部分是“在话语中构建的”，这一假定也促进了“交流实践”（communicative praxis）（见下文第五章）的实施。巴尔特的意识形态批判研究起始于1957年，他被译介最多的作品《神话学》（*Mythologies*）为系统地分析、拒斥资本主义上层建筑提供了议程（Cobley 2015）。巴尔特意识形态批判中的系统性源于索绪尔的二分法，索绪尔将语言符号分为：（a）心灵中的“音响模式”（sound pattern），它再现了心灵外声音的感官印象；（b）“概念”（concept），由对世界中现象的抽象表述组成，例如“房子”“白色”“看见”等（de Saussure 1983：65－67，101－103）。索绪尔分别称之为“能指”（signifiant）和“所指”（signifié），并强调二者联系的第一原则就是任意性（1983：67－70）。索绪尔的教程最早于1959年被译成英文，signifiant、signifié和signe分别被翻译为“signiffier”“signiffied”和“sign”。其中能指（signifiant）给英语母语者的印象是，它是任何可以进行意指活动（signifying）的东西，或者换句话说，就是符号（sign）——而这正是索绪尔想要避免的理解。同样，所指（signifié）似乎是任何作为意指对象（the object of signification）的东西。突然之间，索绪尔对符号的精神性构想都散失了，不同版本的符号学信马由缰地考察起各式各样的文化制品，就好像它们都体现了那种能指/所指关系。巴尔特颇有影响力的《符号学原理》（*Elements of Semiology*）于1967年被翻译为英文，随着它的流行，问题变得更加复杂了。为了使符号学能够扩展到语言符号之外，巴尔特偏离了索绪尔，他表示“能指也可以被某种事物传递……能指的实质总是物质性的（声音、物体、图像）”（1967：47）。对这一非索绪尔式断言，巴尔特非常坦白地给出如下解释：这样做是为了让所有符号的问题，包括混合系统中的符号，都可以以同一种方式来考察（1967：47）。这种符号学（semiology）不仅鼓励关注那些由语言模式主导的符号系统，而且还坚持认为，即使是非语言模式也可以使用索绪尔式语言学的原理进行分析。然而，目前所有被拿来分析的都是源于人类的符号系统。

因此，索绪尔式符号学（semiology）与“话语研究”一起，在语言学等成熟的人文学科中蓬勃发展起来。这些在早期符号学领域具有支配地位的原理，让普通读者常常感到困惑。此外，不遗余力地坚持人类中心主义的索绪尔派符号学家，和皮尔斯派符号学家一起，共同努力促成了1969年国际符号学学会（the International Association for Semiotic Studies）的成立（见 Sebeok & Cobley 2010），最终两派都归于“semiotics”的旗号下。如果说索绪尔式符号学（semiology）给人一种整个符号研究的范畴就是人类话语和人类符号的印象，如此“剩下的就只是后现代时期权力和意义的形式及组合问题”（Brier 2008b：35），更广义的符号学（semiotics）则展示了某种非常不同的东西。将语言符号局限于人类使用的符号类型的研究只是总体符号研究的一个组成部分。广义的符号过程包括遍及宇宙的、以任何方式体现的符号行为，而人类的语言现象只是其中一个微小的方面。如此说来，与活体细胞之间的所有交互行为所产生的一系列符号相比，语言看起来微不足道。其中，什么是“活的”（living）这一问题至关重要，许多遵循主流传统的符号学家，受西比奥克（Sebeok 2001c：6）的影响，将符号过程视为“生命的基本属性”。西比奥克基于他的老师查尔斯·莫里斯（Charles Morris）的成果以及皮尔斯的符号理论，通过在动物符号学（zoosemiotics）方面的探索（1963），开创了非人类符号过程研究的先河。后期取而代之的是成熟的生物符号学，不仅有人类交流的符号学、动物符号学，还有关于植物的符号学［植物符号学（phytosemiotics）］、关于真菌的符号学［真菌符号学（mycosemiotics）］，以及关于35亿年前全球的原核生物在不同细菌细胞内部和之间进行交流的符号学［微生物符号学（microsemiotics）、细胞符号学（cytosemiotics）］。当代符号学认识到，人类作为智慧的符号使用者，不仅仅是一个散乱的实体：事实上，人就是让讯息（message）以非语言的方式在体内传递的一团符号［即内符号过程（endosemiosis）］。

随着1963年动物符号学（zoosemiotics）的出现，尤其是其后生物符号学的出现，符号学被公认为是一项寻求科学和哲学统一的前苏格拉底式事业。也就是说，符号学的关注点变成了整个宇宙——地球、其居民和诸元素——的运作，而不仅仅是构成城邦的交往活动。西比奥克和皮尔斯都持有此种看法，他们都与其时代的知识潮流格格不入。尤其是后期皮尔斯的观点，正如波因索（Poinsot）在1632年就证明的那样，认为逻辑、哲学和科学实体只有通过一种广阔的符号理论才能相互接近（参见 Poinsot 2013，本书第一章及本章下文）。皮尔斯设想了一种全面的符号理论，涵盖了

“数学、伦理学、形而上学、万有引力、热力学、光学、化学、比较解剖学、天文学、心理学、语音学、经济学、科学史、扑克牌游戏、男人和女人、葡萄酒、计量学”（Peirce 1966：40），这并不违反逻辑。他在晚年写给韦尔比夫人（Lady Welby）的信中透露，他一共已经分辨出10种基本的类型符（type）（正如第一章中所呈现的那样）和59049种不同的符号类（classes of signs）。

无论符号是否涵盖了人类活动的整个宇宙，关键是要注意，从古代医学开始的符号理论历史很大程度上由指符（signans）和所指物（signatum）的二元区分所主导。这种二元关系的一个准必然后果（A quasi-necessary consequence）就是“符码”（code）观的生成，其中“载体”（vehicle）是对某一内容或“主旨”（tenor）的编码（参见Richards 1937以及本书第六章）。这种二元主义的高峰就出现在索绪尔的《教程》中，即音响模式（能指）和概念（所指）这一对范畴。

索绪尔式符号学主要关注的不是符号如何指示或传达特定对象，相反，它的重点是一种交流机制如何在一定程度上脱离特定对象而维持并延续。这一视角极富成效地催生了诸多成果，用来解码那些熟悉的文化及其进一步的延伸。然而，最关键的是，索绪尔式的符号学很大程度上将表意当作是交流活动。它并未很好地解释认知问题，没能很好地解释交流与认知的关系，也没能解释更广阔的符号世界与符号使用者环境界的关系。

索绪尔坚持符号的二分法，而皮尔斯则打破这一思路，并坚持采用三元的符号观。这一突破性理论的重要性上一章已经强调过了，但理论也不是凭空产生的，其根源可以追溯到皮尔斯对经典逻辑和拉丁学术传统的深刻理解中。就像我们从索绪尔的《教程》中提取的那些技术问题一样，考量这一学术传统内涵的符号关系机制也非常重要。拉丁人把注解圣托马斯－阿奎那（St. Thomas Aquinas）教义中的符号观念作为其任务的一部分。这些作注者中最重要的一位便是前面提到的约翰·波因索（John Poinsot，有时也写作“Jean”或“Joao”），他的《符号论》（*Tractatus de Signis*）（2013［1632］）比洛克（Locke）创造“符号学”（semiotics）这个术语的时间还要早60年。这一作品为作为研究对象的符号提供了实在论前景，阐明了两个关键状态，即依赖于心灵的存在（ens rationis）和独立于心灵的存在

(ens reale)。迪利（1994：11－22，2009a）将波因索的研究从单纯的脚注中发掘出来，展示了波因索如何将对象定义为经验对象（一个需要有心智依托的实体)，这与将其定义为一种事物（thing)（一个独立于心智的实体）是不同的。正如在第一章中所看到的，事物可以被体验而成为符号对象，但即使如此，通过它所引起的感知，以及我们对这些感知的感觉及其后果，都永远不会被“完全”把握，而只能通过符号被把握。符号同时独立于心智和依附于心智存在，并按照皮尔斯理论的三元结构组成（再现体、对象和解释项)，这对生物符号学具有重大意义。

尽管比利时生物化学家马塞尔·弗洛金（Marcel Florkin 1974）等人曾尝试将生物符号学和索绪尔式符号学结合起来，但两者并不相容。有一点在之后才稍变得明确，那就是西比奥克的动物符号学是建立在广义的皮尔斯符号观之上。更重要的是，西比奥克自从 20 世纪 70 年代末发现《理论生物学》(*Theoretical Biology*）德文第二版之后，就开始沿着雅克布·冯·于克斯库尔（Jakob von Uexküll）的方向发展符号学（以及生物符号学）(参见 Sebeok 2001b)。正如本书第一章及第三章所讨论的，冯·于克斯库尔的研究——即使在没有提他的研究的时候——是生物符号学不可或缺的部分，尤其是其中对环境界的阐述。生物符号学认为，所有物种都生活在一个由它们自己的符号构筑起来的“客观世界”中，而这是它们的符号制造和接收能力的结果。关于一般符号学，皮尔斯已经说过“一个符号，或再现体，是一物在某个方面（in some respect or capacity）代替另一物或另一人”(2.228)。皮尔斯定义中的符号是为“某人”(或某些物种成员）而存在的，而冯·于克斯库尔认为，任何动物都生活在一个流通着该物种及其感官所特有符号的世界中。很明显，二者是相契合的。此外，环境界这一概念很好地呼应了迪利所认可的皮尔斯式对事物/对象/符号（thing/object/sign）的表述。应该清楚的是，非人类动物确实进行着符号互动，并居于一个符号的“客观世界”中，其体验决定了所理解东西的特征。

需要注意的是，这些事实产生了两个后果，并涉及本书力图详述的生物符号学的特点。首先，生物符号学不仅仅是用交流性符号来解释自然的问题。相反，生物符号学的任务是理解发生在自然界中的符号“体验”，理解有机体如何“认识”世界，以及最高级的有机体如何拥有“认知”。

其次，非人类动物居住在一个“客观世界”中，这意味着它不能思考独立于心灵的存在。虽然这些动物确实可以使用符号，但与人类不同的是，它们不能理解这一可以被分析的、作为符号的实体的存在（参见 Deely 2010），只有人类的环境界才有这些知识。然而，应该明确的是，这并不意味着生物符号学认为人类是独立于自然的、完全自主的实体或特殊范畴。人类对符号的认知和文化工具的使用，似乎与自然界中那些明显更低级的机械过程相去甚远，但人类依旧是自然连续体的一部分。事实上，人类之所以没有脱离自然的机械过程，是因为生物符号学已证明，这些过程实际上并非是机械性的，其文化意涵在于让人类与其他生命有了亲缘关系（正如将在第三章讨论的那样）。相较于之前的那些看法，生物符号学坚持探究有机体何以“知道”，认为这些有机体的行动并不那么机械，而是与人类符号过程相契合的。当然，同时值得考虑的是，由于不同环境界之间的脱节，人类可能无法评估非人类动物符号过程的重要性。正如德·瓦尔（De Waal）在审视“自然之阶”（scala naturae）的不公时所指出的（2016：6），“如果计数并非真的是一只松鼠的生活内容，那么问它是否能数到十似乎非常不公平”。这一点与迪利对符号学动物（semiotic animal）的表述相符（参见 Colapietro 2016）。

是什么让生物符号学形成一个整体？要回答这个问题，办法之一就是考察生物符号学的研究对象，即它所研究的关键现象，这种考察路径还可以揭示生物符号学的文化意涵。库尔（Kull 2007：2）列出了如下生物符号学研究对象清单：认知、记忆、范畴化、拟态、学习和交流。在关注非人类生物的世界时，这些特性大多不会出现在清单上。再次看到生物符号学的研究视角，即考察自然实体的符号行为，来研究自然实体“知道”什么（在我们所认为的“知道”层面而言），由此来阐释自然的连续性。

交流（Communication）最为明显地关涉人类中心主义（前生物符号学的）话语所理解的自然与文化的区分。所有的有机体都以某种方式交流着。人类和非人类之间的区别并不基于通俗意义上的交流，而在于哪种交流是语言的，哪种是非语言的。交流活动在区分行动者（agent）和主体（subject）的构成上发挥着作用，并影响着对个体与集体区分要素的推演。

学习（Learning）通常与人类的体验过程有关，这可以在幼年动物的活动中观察到，例如，动物们在生命最初的几个月里，会进行“游戏”，以练习捕猎技能从而“活下来”，库尔（2014a：288）写道，“有机体要满足其生理需求就完全无法避免学习”，这是因为“生活或多或少就是一个持续解决问题的过程”（2014a：292）。通过学习的程度和数量可以将人类和非人类分开，并在主体性（subjectivity）和行动主体性（agency）、自然和文化等方面相区别。然而，学习作为一个符号过程，被剥离为一组结构坐标（stripped to a set of structural co-ordinates），这显然是一种生活所必需的持续现象。

拟态（Mimicry）作为自然界的一种现象，从亚里士多德观察变色龙开始，它的符号学特征就一直被低估甚至忽视。马兰（Maran 2007）恢复了对拟态的关注，并思考拟态在环境界中的作用。他将“抽象拟态”定义为“模仿对象的一种符号结构，这种结构具有如此强烈或普遍的意义，以至于它与特定形式的联系都变得次要了”（2007：244）。生物学倾向于从动物的相似性方面来理解拟态，而生物符号学则需要确定其符号过程。马兰指出，拟态特征虽然是具身化的，但受符号规则支配，如此，“观念、相似性、解释、讯息、意义以及之后的后果都具有决定性”（2007：244）。对主体性、集体归属以及这些符号的生存意图而言，拟态符号显然至关重要。

继莱考夫（Lakoff）和约翰逊（Johnson）之后，库尔等人（Kull et al. 2008：46）注意到了“生物的分类问题”，此问题又转而引出了“生物有机体内部差异如何产生”的问题。这些问题是“大量尚未被解答的科学问题的一部分——因为它们一直没有被非符号学生命科学提出”（2008：46）。且不说那些更细致入微的东西，人类这种动物的文化创造中，什么是有害的或有益的，什么是中性的或是可被忽略的，这些既是将文化定义为“更高级过程”的核心范畴，同样也是人类之外生物的生存冲动。同样，记忆也为生存服务。虽然记忆通常被理解为保存和复制信息的手段，但记忆实际上嵌套了认知、意义和遗传过程。因此，库尔强调，任何符号系统都有自己的记忆。此外，有机体作为符号系统，与其他有机体共存。因此可有以下推论。

> 所有有机体都表现出可塑性，即对环境的适应。当然，可塑性反应（plastic response）的程度在不同的生物群体中是非常不同的。可塑性反应的特定形式往往独一无二。即使遇到的情况是全新的（比如有机体在整个生命史上从未遇到过这种情况），有机体也能做出适应性反应（adaptive response）。如果一种反应成为一种习惯（或条件反射），即如果被记住了，它就被称为学习（learning）。习惯化（habituation）几乎是和可塑性一样普遍的特征，只要有机体活着，它就会发生。习惯化意味着一种解决方案一旦被找到过，下次就会更容易被找到，这种重复中的便利性是由各种机制造成的，它们共同称为记忆。因此，学习（被定义为可塑性加习惯性）可以说是生命的特性之一。（Kull 2014b：52）

对于生物学来说，记忆是一个遗传问题（表观的、神经的和社会的），但符号过程通常包括记忆过程（Kullet al. 2009：172）。这种符号性质完全适用于描述细胞中的机制，“细胞中所接收到的信号和随后的行为之间的关系可能与第三方有关，比如与细胞中某种东西不足或超量有关，后者可通过适当的行为来调节”（Kull 2010：51）。人类通常认为，个人记忆（个人独有的）和集体记忆（通常由文化遗产维持的）之间存在区别。然而，早在巴特利特（Bartlett 1932）时期，这种区分就被证明是错误的。当记忆被认为是一个符号过程时，记忆域和记忆投射就是环境界网络关系中的一个关键组成部分。这表明，当物质性显现时，将记忆仅仅视为一种物质再现的心理现象是错误的。正如迪肯（2012a：424）所指出的，在讨论“约束”（constraints）时，关键因素不是计算机内存中电荷分布的变化，而是所传输的内容。

与记忆一样，识别（*recognition*）是人类成为主体和/或代理人的过程，是人类通过语言或非语言使自己面向他人的过程，也是自然和文化以及精神和物质被分离的过程。在生物符号学术语中，“意义”（meaning）是一个识别单位，因为任何一个生物体再次做某件事情时，都会面临意义问题。借鉴于克斯库尔的“功能循环”（functional cycle）理论，库尔指出（2004：104），“有机体的所有行为，一个生命体的所有功能，都是循环行为的表现，包括受体对符号的识别，由识别引起的行为，以及对行为结果的感知。”英文中的“识别”指的是“再－认知（re-cognition）”，这一点无须赘述，但需要补充的是，“识别”是一个符号过程，在这个过程中，对象不断被识别，差异由此产生，这说明“识别”在整个自然界中是一个连续的过程。

是什么阻碍了将识别、记忆、分类、模仿、拟态和交流理解为一个过程？其问题就在于它们的对象来自不同领域。这就是第一章中引述的译作所讨论的问题。

识别、记忆、分类、模仿、拟态和交流，它们的对象来自不同领域，由此导致它们此前不被理解为符号过程。这其实是个翻译问题（第一章有谈到），这个问题霍夫迈尔（Hoffmeyer 1996：viii）在《宇宙中的符号意义》（*Signs of Meaning in the Universe*）[①] 开篇“自然历史如何成为文化历史”中就明确指出来了。进行识别活动时，低等生物与高等生物在性质上看上去是如此不同，后者相比前者，“意义”似乎得到了大幅的提升。减少这种差异需要一种思路，大致内涵就如霍夫迈尔（1996：viii）所写的“某物变成‘某人’”。生物符号学因为揭示了自然界的符号过程而常被展开研究，受到推崇。它也给了文化研究一个启示，即人类（通过识别、记忆、范畴化、拟态、学习和交流进行的）意义实践并非独一无二。

但这一启示并未成为共识，真正的阻碍在于，生物符号过程与文化符号过程之间的翻译，既需要考虑两者与时间的不同关系，还需要考虑个体发生（ontogenesis）领域和系统发育（phylogenesis）[②] 领域之间的差异。想想文化在地球上存在的时间如此短暂，而它的发展速度又如此之快，再想想植物群的演化，正如诺特（Nöth）所写的，“植物交流与人类或动物交流不同。在人类或动物的交流中，符号可以快速产生，其目的可以即刻被解释，而植物符号的进化是一个系统发育的过程，在这个过程中，符号的

---

① 该书英文原著引证的书名 *Signs and Meaning in the Universe* 似有误，经查证的书名是 *Signs of Meaning in the Universe*。参阅网站 https://www.amazon.com/Signs-Meaning-Universe-Advances-Semiotics/dp/0253332338——译者注

② 个体发生（ontogenesis）和系统发育（phylogenesis）都是生物学术语，前者指的是某个有机体的发生和发展，后者指的是一个种、属等在演进过程中发生事件的序列。——译者注

产生以进化选择的形式发生”（Nöth 2007：147）。因此，就对象本体论角度而言，生物符号学和文化分析之间存在着一个重要的翻译问题。在建立这两个领域的联系时，至少不能忽视这个翻译问题。

虽然生物符号学不遗余力地宣扬行动主体性和符号过程的概念，但文化分析却并不愿意接受将人类置于自然遗产之中的观点。如前所述，人类常常被视为绝对的例外，而文化分析正是通过例外主义得以延续（参见Harries-Jones 2016：2）。也就是说，除了偶尔出现社会达尔文主义者或庸俗决定论者对文化演化的描述之外，人类及其实践被视为与地球上所有其他生命“在种类上截然不同”（见下文第三章）。这种观点可追溯到以地球为宇宙中心的《圣经》或者其他宗教叙事中，这种观点还可追溯到文艺复兴运动时，随着世俗主义发酵，以人作为教会主体的人本主义思潮。这两种立场之间的折中体现在后来的人本主义者，比如莫蒂默·阿德勒（Mortimer Adler1967）的作品中。莫蒂默·阿德勒希望避开“机器中的幽灵”说、侏儒（homunculi）传说或傀儡假人（golems）传说的观点（Deacon 2012a）。这些论说是从柏拉图哲学思想或者笛卡尔的二元论中来的，但莫蒂默·阿德勒却也坚持认为进化中存在某种飞跃，或某种超越进化的特殊品质，让人类与其他动物在“种类上不同”。戈克罗格尔（Gaukroger 2016）认为，即使在17世纪的西方科学中，人被“自然化”，成为实证和量化研究的对象，但是仍有“道德”或人文科学脱颖而出。戈克罗格尔还认为“对我们与自然领域关系的思考如今塑造着有关自然领域本身的概念”（8），随之出现了自然的“人文化”（humanization）构成了现代科学的基础，尤其是解剖学和宗教，二者在“关于生命目的和意义审美化的人本主义概念”（309）中扮演着核心角色。由此可以认为，大多数关于文化的讨论都好像是在进化的真空中进行的，对文化中内嵌的部分自然世界的思考仍充满偏见，或者有意识地投入到明显体现人本主义的议程事项中去。虽然没有必要强迫所有文化符号学分析参考进化框架，但在一些危急时刻，一些文化理论的人本主义根基及其不足都暴露了出来（见下文第八章）。依照对文化的这种理解，要找到如生物符号学那样对主体更为友好的科学路径来研究自然，前路漫漫可想而知。正因如此，本书依然主张反人本主义的观点，不管生物符号学如何背离机械论和唯物主义，这种反人本主义的视角在评估文化时依然是必要的。

物理主义科学禁止观察自然中的能动性，这一直是对人文学科的诅咒，也可以说导致了或部分导致了“两种文化”的分裂（Snow 1959）。生物符号学在科学这一维度上发出批判的声音，识别出贫瘠的科学主义的制约力量。例如，霍夫迈尔（2011：191）写了一篇关于“取消主义”（eliminativism）中反直觉倾向的文章，否认“自然界中存在违背法则的行为，因此便不存在人类自由意志”。然而，“两种文化”各行其是，主要还在于艺术和人文学科向来拒绝从自然科学的角度进行解释，甚至拒绝与其为伍。这种拒绝姿态形成了一种孤立主义立场，在这种立场下，人类及其文化不仅是特例，而且是任何形式的科学都不可触及的。然而，只要认同自然是一个包括文化实践在内的连续统一体，就将有效地迈出弥合科学与所有其他学科分裂的第一步。这一认同深嵌在生物符号学当中，因为它坚持皮尔斯所倡导的连续论（synechism），同时，这一认同也是一般符号学关注符号系统或符号过程（而不是关注单个符号本质）的逻辑结果。正如第一章中所讨论的，连续论指的是连续性（continuity）这一原则，这也与皮尔斯的第三性范畴，即解释项有关，换句话说，就是那些初看并不表现某一物体本身的“潜在现象”。皮尔斯对此也有解释。

> 巴门尼德有句名言，“存在即是，而不存在则无（esti gar einai, méden d'ouk einai）。”这听起来似乎有些道理，然而，连续论断然否定了这一点，将存在看作一个关于多少的问题，以便在不知不觉间化为乌有。我们认为称其存在就是称其将在思想领域获得永久地位，这种想法是如何出现的呢？由于现在没有任何体验问题能够得到绝对的肯定回答，因此我们没有理由认为某一给定的想法可以要么不可动摇地确立，要么被永久性地推翻。但是，如果说这两种情况都不会必然发生，那就是说这个客体对象的存在不完美但却合理。当然，没有读者会认为这一原则只适用于某些现象而不适用于其他现象，例如只适用于物质这一小范围，而不适用于宏大的思想王国的其他部分。也不能就认为它只和浅层现象有关，而与现象背后的本质无关。连续论当然并非某种不可知论，但是它并不认同现象和基质（substrates）之间的

断然分离。一定程度上说，那些构成并决定了现象的，本身就是一种现象（7.569）。

接下来，在自然连续性中，我们需要讨论的就是符号过程，而不仅仅是任何基质所呈现的物质存在（physical being）。如果到目前为止还没有充分理解这一点对文化的启发，请再次思考皮尔斯对事物（matter）和心灵（mind）问题的论述，他不认为这是“两种截然不同之物（substance），而是同一事物在体验上不同的两个方面”（Colapietro 1989：89）。

在构建哲学假设的最高指导原则——连续性原则的理论之下，我们必须将事物视为心灵。这一习惯已经固定，进而失去了形成和丢失习惯的能力。然而，心灵被视为一个极端复杂和不稳定的化学属（chemical genus），它显著地习得一种习惯，即获取和搁置诸习惯的习惯。这与法则的根本分歧必然是最大的，虽然可能远达不到可直接观测的程度，但其影响是，让心灵的法则保持自身那种极具流动性的特点，以模拟对法则的偏离。（6.101）

正如克拉彼得罗（Colapietro 1989：89）所观察到的，这是一种理想主义立场，因为它让事物成为一种心灵，同时又是一种物质主义立场，因为它坚持心灵的具身性（embodiment）。希望下面的这个类比没有太牵强，那就是有可能在这里阐明为什么一定要理解文化的自然起源。自然中的基质或许可被视为心灵的习惯固化，而产生文化（和自然）的心灵法则因为具有流动性特点，以文化实践中各种偏离的方式，正好模拟了对法则的偏离。

关于人类例外主义的争论近乎成了神秘主义，这些争论却忘记或否定了一点，即人类和文化都受到各种物理法则的影响。正如后结构主义和后现代主义以一种有限的、利己的方式所意识到的，人本主义建立在人类即为宇宙中心这一没有确证的假设之上。反人类主义者——有时也叫“后人类主义者”（posthumanist）——避开了个体主义和文化活力论，试图讲述结构对人类的限制，以及人类对结构所起的重要建构作用。符号学坚持中立分析，关注符号系统“如何”的问题，倾向于将人类价值从被审视的现象中抽离出来。相比之下，生物符号学一直致力于探索意义中的行动主体性，在有关“自主性”问题上，许多观点与生物物理学不谋而合（见Kauffman 2000；Neimark & Ake 2002）。当然，生物符号学认为，应当避免过度强调自由意志。文化领域对自由意志的过度强调，导致了“艺术”绝对自主观。这也是艺术和人文学科将自身与科学研究的广阔世界隔绝开来的一种方式。生物符号学为理解文化革新提供了一个入口，但是关于文化和自然中行动主体性权重的转化问题，还必须仔细权衡。此外，生物符号学为一般符号学注入的意涵，即人类是由自然构成的，将在第四章中进行更细致地讨论。

“人类中心主义”（anthropocentrism）是体现人类例外主义或文化绝对自主主义的另一个表达。毫不奇怪，人类中心主义常常彻底搁置进化思想，认为人类的特殊品质与自然不相连续，而人类语言能力，便是体现这种不相连续的关键品质。因此，“语言转向”和“话语建构”的世界观将语言中心论（glottocentrism）加入了例外主义的思想体系中。进入一个已经制度化了的舒适区后，语言中心论有效地否决了自然中具有连续性的看法。与符号学相比，专业化使得一门学科自我延续，它要求精确把握一个非常局部的现象，而不必去了解那个现象的自然决定因素。1945年之后的语言学存在着一个奇怪的情况：一方面，随着20世纪50年代末关于“普遍语法”（universal grammar）讨论的出现，语言学似乎已经接受了将语言视为先天能力这一理论基础，而另一方面，语言学也从“多模态”中开始逐渐认识到，语言不能与其他符号模塑（semiotic modelling）相孤立。然而，语言学界并没有基于统一目标来达成共识，而是分裂成了无数的流派，彼此之间也很少交流。这样的结果是，所有人在“语言”问题上混战，各自进行语言选择后支持矛盾的语言中心论立场。正如霍夫迈尔所写，“一方面是字词（words）、句子（sentences）和语言（language），一方面是指称（reference）、意义（meaning）和理解（understanding），对差异的模糊界定，为隐喻式推理和误导性推理提供了太多空间”（2008a：281）。

生物符号学已经接受了要在科学中实现变革这一挑战，它非常清楚科学与人文之间的转换问题。生物符号学和文化分析是出于不同的必要性，来研究主体性的：前者寻求对行动主体性的更高认可，而后者受行动主体性被过度吹捧的问题所困扰，但这只是我们认识生物符号学文化意涵的一个相对较小的障碍。环境人文、生态批评、生态现象学、文化生态学、具身研究以及后人类主义等新兴的研究都表明，人们渴望在文化理解问题上掀起一场革命，生物符号学清晰而彻底地预示着这场革命。制度化的语言中心论中存在各种冲突，这带来了与语言相关的一些物种层次的议题，它们可能有助于我们获得一种更宽的视野，但却未被纳入议程。以一种愤世嫉俗的制度角度来看，这是可以理解的——如果一门学科及其研究者能够自我延续，并远离其他学科可能产生的有害影响，那么当这一目标实现时，他们想要维持现状的渴望也就不足为奇。然而，一些（生物）符号学近邻——常常是在制度上强有力的合作者——在研究意义时，会通过专业化和人类中心主义来自我防护，以防被入侵者侵犯。

很明显，生物符号学在很大程度上受益于"旧的"符号学。然而，符号学欠缺的是一种重要的文化意涵，总的来说，它致力于不偏不倚地审视各种符号系统。对于二战后的符号学而言，这一努力最终破坏了"高雅"和流行文化间的等级制度，是20世纪向跨越文化和社会生活的、高高在上的权威发起挑战的一个重要里程碑，并取得了不同程度的成功。然而，这一时期的符号学要么思考得太狭隘，要么只将文化民主化作为短期目标。当然，由符号学解释的开放性所引发的"文化战争"并非没有问题（Eco 1990；Dunant 1994）。与此同时，符号学对资产阶级等级文化的削弱意味着更大的价值。如此，巴尔特才能在1971年评估他14年前用法语出版的《神话学》（*Mythologiques*）时宣称，对资产阶级和小资产阶级的"谴责和去神秘化"（1977b：166）本身已经成为一种神话式的庸见（doxa）[①]。他认为，"神话拆解"（Mythoclasm）将被"符号拆解"（semioclasm）取代，这是对所有符号系统的一次意义深远的审问，也是对所有符号系统基础的一个挑战。这不是简单地揭示内涵和外延之间的关系，以维持某些文化等

① 巴尔特《神话学》里的词，来源于柏拉图（参考詹文杰《柏拉图哲学中的信念（Doxa）难题》，《哲学研究》，2019（10）：96－105），结合怀宇译的《罗兰·巴尔特文集》中的翻译（"多格扎"）和注释（"一般的舆论"），根据巴特对doxa的贬义，选择译为"庸见"。——译者注

级划分（cultural hierarchies）的“自然”的状态，而是在符号本身的意义机制层面进行更彻底的攻击。

1969年国际符号学研究协会成立后不久，巴尔特就开始呼吁“符号拆解”。协会中的符号学家如托马斯·A. 西比奥克鼓励拓宽符号研究的议题，将符号研究应用于整个生命世界。巴尔特后来“撤退”到高度个人化的写作中，但在此背景下，这种个人化的写作并非完全没有政治考量。而符号学的课题继续向着揭示整个生命世界的符号过程发展。这并不单单是为符号学寻找更多研究对象的问题。不出意料的是，20世纪70年代和80年代初在西方盛行一时的符号学分析仍然具有魔法的意味。对信奉符号拆解的人而言，即使是在迄今为止尚未被探索的领域，符号拆解也似乎只是对不同现象进行了更为贫瘠的分析。此外，也许在大意的观察者看来，符号拆解并没有揭示多少关于人类以及他们在堡垒中所受到的冲击。当然，这样的观点构成了一个严重的错误。随着生物符号学融入一般符号学，符号学分析不再仅仅揭示人类发送的信息是什么样的，而是进一步揭示信息是如何组成和构造的，由此让我们对文化的认识更加深刻。将符号学视为跨自然领域的、连续的，这一观点改变了上述分析的必要性。因为如果生物符号学处理的是非物质现象，那么这不是符号学的问题，而是物理科学的问题，而物理科学，正如迪肯（2012a：23）所指出的，不涉及思想的内容、行动的目标以及对经验的有意识地欣赏，“尽管它们依赖于大脑中进行的物质过程，但却完全不是物理学问题。”人类对符号的使用，道理也是如此。

现在，符号学对整个自然界中的符号系统撒下了它的分析之网，关注人类如何在符号中生存，关注如何区分人类的认知和存在这一内符号现象和宇宙中其他生命的内符号现象。换句话说，所有避开例外主义的符号学都是生物符号学，反过来说，生物符号学就是符号学。下一章，我们将在对模塑的追问中探索有关人类事务问题的答案。

第三章

种类区分，还是程度差异？

生物符号学中最显著的文化意涵，可能在于对这一古老问题的回应，即人类与非人类动物之间是存在种类（kind）区分，还是只是程度（degree）上的差异。我们可以想象，在1859年达尔文出版《物种起源》（*The Origin of Species*）之前，这种争论在西方出现的频率并不高。到1871年，达尔文实际上已经用自《人类的起源》（*The Descent of Man*）出版以来的常用说法表述了这个问题。

> 人类与高等动物之间的思想差异尽管很大，但肯定是程度上而非种类上的差异。我们已经看到，人类引以为豪的感官和直觉、各种情感和能力，如爱、记忆、注意力、好奇心、模仿、理智等，在低等动物身上都可以找到它们的原初状态，有时甚至是相当发达的状态。它们还能做出一些遗传改良（inherited improvement），就像我们在家犬与狼或豺的比较中所看到的那样。如果坚持认为某些特定能力，如自我意识、抽象能力等，是人类所特有的，那么这些能力很可能是其他高度发达的智能的偶然结果，而这些智能又主要地源自人类持续使用高度发达的语言。新生婴儿在什么年龄段拥有抽象能力，或有自我意识并能够反思自己的存在？我们无法回答；我们也无法回答有机体不断向上进化（the ascendingorganic scale）的相关问题。半艺术半本能的语言仍有逐渐演化的迹象（1871：105－106）。

从这段话中，我们可以辨析出一些依旧在进行的研究，其中一部分声称已经取得了巨大进展。自洪堡特（Humboldt）以降，在关于程度/种类上的诸多争论中，对语言研究的争论十分突出，并且越来越普遍了。受篇幅所限，这里不详细讨论语言定义，但有必要就生物符号学对语言的影响，特别是对更广泛的符号过程和符号模塑（modelling）的影响，进行几点说明。

为初步理解生物符号学如何看待“语言”在人类这一物种中扮演的角色，此处引证法瓦鲁和库尔（Favareau & Kull 2015：14）《生物符号学及其与语言学的可能关联》（“On biosemiotics and its possible relevance to linguistics”）一文中的一个长脚注。

> 作者希望在一开始就指出，在本文中“语言”一词的使用，不应该被解读为具象化的“事物本身”，不能脱离产生这些具象观念的人与人之间的实际互动。本文作者认为，有必要强调生物符号学的中心思想，即语言行为作为符号行为的一个子集，继承了后者的所有属性，而所有种类的符号行为都处于实际行动的情景中——正如查尔斯·皮尔斯和雅各布·冯·于克斯库尔在大约100年前各自独立观察到的那样。对于以下语言观，如语言是“事物本身”，或是不同于感知和行动的完备循环（即功能圈，Funktionskreis）中的符号行为，再或者是在行为主体和主体之间不断动态涌现的符号-对象-解释项的互动之外的任何东西，任何一个熟悉西比奥克、于克斯库尔和皮尔斯作品的符号学家们都不认同。此外，像更高级的术语“符号过程”（semiosis）一样，我们相信本卷书读者的理解也更高一层，清楚我们在这里所使用的“语言”一词的内涵，它指的是完全由生命体的相互作用而涌现的符号过程，并不是那种被误导的、从根本上反生物符号学的“事物本身”的概念。我们把这个说明放在这里是为了“语言”不被误读，也是为了提醒读者，把本文接下来所使用的“语言”理解为“语言辅助的符号过程”（linguistically-aided semiosis）的简写，它具有世界上的符号行为所涉及的所有不可消除的互动性和三元性。

这个声明很重要。虽然里面提到的“语言辅助的符号过程”需要界定“语言”（linguistic）本身，就像使用“语言”（language）这一术语，也需要对其进行定义一样。但这一声明的重要性在于，它清楚地表明语言既不是“闲聊”（chatter），或是修辞格之类的，也不是形式化模型中的语法具化（reified grammar），更不是大脑基质（cerebral substrate）。

认为语言是一种具化语法，这一观点可以追溯到乔姆斯基（Chomsky 1965）在《句法理论的若干问题》（*Aspects of the Theory of Syntax*）中对从斯金纳（Skinner 1959）一直到布龙菲尔德（Bloomfield）理论的评述（参见 Matthews 1993）。那种专注于修辞格或“语言游戏”的语言概念朦胧又通俗。虽然概念本身并非被质疑的原因，但问题在于此观念内在地将“语言”简单地表述为“闲聊”，这意味着将“语言”视为由一系列比喻、修辞格和言语交流组成的流变。这种对“语言”的态度可以在周日报纸副刊的庸俗讨论和关于语言的流行书籍中看到（例如，参见 Steiner 1975；Burgess 1993；Ingram 1992）。这一观念在一些语言学研究中也很明显，尤其是那些关注民族语言而非语言认知现象的研究。正是“语言这个词在英语中的多元使用”成为哈里斯（Harris）认定的“语言神话”（language myth）产生的根源（Harris 1981：12），他认为这个神话使学科化的专门研究和顽固的符码谬误长期存在（见下文第六章）。通常，作为一种认知能力的语言和作为这种能力表现之一的言语交际，二者之间的重要区别并没有得到体现，因此，在“闲聊”观中的任何对认知的考察都有意无意地接受了萨丕尔—沃尔夫假说（Sapir-Whorf hypothesis）或语言相对主义（例如，Bragg 2003；Bryson 1990；McCrum et al. 2002；Deutscher 2010）。在这种流行的说法中，隐含着这样的意思，即言语中表现出的语言是“特殊的”，以至于其他形式的符号过程很少得到关注。

法瓦鲁和库尔（2015）随后断言生物符号学的主要兴趣实际上是前语言符号学（pre-linguistic semiotics）。也就是说，生物符号学在很大程度上关注的是比人类的语言符号过程（就复杂程度而言）更低级的符号过程形式。至此，语言学和非语言学的关系问题出现了。对这些问题的持续关注，最早是发生在二战刚结束那段时期。当时的工程师、信息理论家、控制论者、传媒行政研究者、大众传播理论家、政治学家、人类学家、语言学家和其他一些学者都投入到广泛的“传播科学”（communication science）当中。在许多相关的学术会议中出现的一个关键人物是西比奥克，一位语言学家、符号学家兼非职业却擅于此道的生物学家（biologist manqué）（参见，例如 Greenberg 1963；亦可见 Cobley et al. 2011）。然而，在语言学方面，对程度/种类问题最一致、最集中和最著名的讨论是由查尔斯·霍凯特（Charles Hockett）发起的，他认为（1963：1），“语言共性就是一种所有语种（all languages）或所有表达（all language）共享的特征或属性。对（推定的）语言共性的断言即对语言的概括”。这种观点从生物符号学的角度来看是有问题的，因为它忽略了民族语言和自然语言的区别。尽管如此，他（最终提出）的 16 个语言的设计特征（design features）（Hockett 1963）仍有其价值。

2.1 声－耳渠道；2.2 四散传播与定向接受；2.3 快速消散；2.4 互换性；2.5 整体反馈；2.6 专门性；2.7 语义性；2.8 任意性；2.9 离散性；2.10 移位性；2.11 开放性；2.12 传统性；2.13（模式）二重性；2.14 推诿；2.15 反身性；2.16 可习得性（每个设计特征前面的序号是原论文的分节）。

对于那些想探寻人类语言和动物交流系统之间、语言和其他交流形式［鼓和哨子系统、僧侣手语（monastic sign language）等］之间差别的人来说，这些设计特征十分有用。

除了识别这些特征之外，霍凯特还做出以下断言。

3.1 每个人类社群都有一种语言。

3.2 除了我们自己，没有任何物种有语言。

3.3 每个通常称为口语的人类交流系统都是所谓的语言。

3.4 每种人类语言都有声—耳渠道（2.1）

3.5 每种人类语言都有传统性（2.12）。

3.6 每种人类语言都是可习得的（2.16）。

3.7 每种人类语言都有语调系统和非语调系统。

3.8 在每一种人类语言中，内容（plerematics）模式和表达（cenematics）模式都是（独立的）分层的。

3.9 人类语言表达上的差异比内容上的差异更大。

> 3.10 人类语言至少在内容形式子系统上存在差异，其中，小尺寸级别上的差异比大尺寸级别上的差异大。[①]

霍凯特所做的这些限定，与本章的讨论有关。例如，他把写作排除在对语言的考虑之外，因为它不符合 2.3 快速消散这一语言设计特征，而且手语也不被他视为一种语言。另一方面，符号学很可能在任何对言语（verbal）的定义中都将书写（writing）包括进去，并指向威廉·C. 斯多基（William C. Stokoe）的研究——在霍凯特之后的 20 世纪 60 年代早期，斯多基以人们自然习得的第二语言（ASL）[②] 作为研究对象，研究它的语法特性（见 Maher 1997）。然而，霍凯特的一些观察对符号学还是十分重要的，其中包括：整体反馈——发送者可以接触到信息；语义性——直指（denotation）的力量；任意性——服务于指称的习惯；离散性——差异中产生的意义；位移性——遥在的时间/地点，虚构、道德的意义；开放性——全新话语的产生，递归；传统性——对生物符号学来说是一个有趣的问题，正如我们所看到的，它涉及对语言"自然"和"文化"两种传承方式的讨论；推诿——信息的潜在虚假性和无意义性；自反性——关于符号的符号。毫无疑问，其他设计特征对符号学也很重要，但这几个特征尤其突出。同样，霍凯特的一些更广泛的论断在生物符号学中得到了证实，而另一些论断则被认为存在问题或意义不大。比如，"除了我们之外，没有任何物种拥有语言"这一论断成为从进化的角度讨论语言的基本立足点，但"每一种人类语言都有声 - 耳渠道"的观点，在某种程度上遭到质疑。

自从霍凯特的设计特征系统观首次被提出后，对这一理论及其中某些特征适用性的批评不绝于耳。最近，瓦切维奇和维琴斯基（Wacewicz & Żywiczyński 2015）在《生物符号学》（*Biosemiotics*）这一学术期刊上宣称：霍凯特的设计特征理论是"无望取得成功的"。对他们来说（2015：42），霍凯特的理论"根本不适合从进化的角度来捕捉人类和非人类动物之间的交流差异"。他们认为，霍凯特几乎只关注传播信号（communicative signals）的结构和媒介，而没有关注语言使用发生的认知、社会和生态框架。

---

① 每个断言前面的序号是原论文中分节。——作者注

② ASL，全称为 acquired second language，即自然习得的第二语言。——译者注

他们呼吁更多地考虑社会认知和整套结构技能基石，“这些基石在交流中并不直接可见，但却是必要的先决条件”（2015：42）。实际上，瓦切维奇和维琴斯基呼吁采用一种认知方法，这种方法与推崇信息模式化的观点相反，它关注产生语言的心智、社交和感官过程。因此，他们坚持采用当代符号学的研究方法，而不是传统的语言学方法。在最广泛的意义上，这似乎是目前语言共性概念遭受批评的核心。这些对语言共性的批评表明了两种符号学观念之间的差异——一种是常见（但错误的）的符号学观念，它认为符号学只致力于分析文本的内部特征；另一种是更现代的符号学观念，它认为对现象的研究路径应当关注现象是如何嵌入认知、社会和物质关系之中的。后一种符号学观念为批评语言共性概念加足了火力。

迪肯（2016）最近的一篇文章体现了后一种观点。虽然没有直接讨论霍凯特和语言共性问题，但迪肯的文章表明：霍凯特和许多语言学家在对语言进行概念化时所强调的“内容模式”和“表达模式”存在一些严重问题。迪肯认为，从形式系统（这一系统似乎组织了其表现形式）的角度来看待语言，与用工程模型处理语言别无二致。他指出，语言和语言能力是自发演变的，正因此，把语言单位认定为构成语言的砖石是错误的。语言单位由认知结构、符号结构和语用结构产生，语言的基本语音和形态元素则是“后期发展”的（2016：4－5）。迪肯还提到了大脑发育，认为大脑皮层的语言功能只能从过程的角度来理解，语言功能的发展方式大体上与感觉和运动类似，尤其重要的是，语言短语是符号学而非语言学的单位，因为它涉及一个指示符约束的过程，而这种约束使符号指称得以可能。这里的关键不只是“语言单位”嵌入符号的过程，而是“语言单位”（在任何情况下都是广义的符号单位）如果不被指示性运作，就永远不可能进行指称。或换用迪利的术语来说，它让从心智依赖到心智独立的复杂转变成为可能。迪肯的结论是，有必要将工程逻辑留给机器研究，而将有机逻辑应用于大脑和语言研究。他写道一些矛盾的地方（2016：24）。

> 形式生成语言学理论（formal generative linguistic theories）尽管为语言结构的描述提供了非常精密的工具，这种成功却可能阻碍对语言神经学和语言进化的理解。这是因为在解释语言结构的复杂性方面，

> 形式化模型所表现出的非凡适恰性导致了一种不必要的假设，即认为语言可以像其他形式系统那样被研究，好像它的结构是由指令逻辑所设计的一样。然而，尽管已有令人信服的证据表明，语言具有与自上而下的规则管理系统相称的形式结构，但将语言作为一种进化后的生物现象还是引发了强烈的质疑——从这种描述性分析推断出一种语言过程理论是否合理。

迪肯大胆而有说服力的论点表明，对人类符号过程的研究不仅要确保其在符号学中处于适当的位置，而且还要确保使用了正确的工具，比如工程学的理论工具就不适用。我们还可以直接看到，迪肯的生物符号学观点如何直接影响到文化的考察方式。人类中的诸种现象终究是有一个有机基础的，由此，以系统化这些现象的显现（manifestations）来评估这些现象可能是徒劳的。

正是这些原因，生物符号学将模塑（modelling）过程作为其讨论的重点之一。要把人类的认识、观察和体验过程枚举出来并纳入一个封闭的系统是不可能的，因而我们需要进行另一种概念化，这个过程与语言是类似的。正如我们已经看到的，生物符号学找到的概念化就是源自冯·于克斯库尔的环境界，它在多个方面上都符合我们的要求。首先，它包含了一种适用于所有动物的符号过程理论。其次，它是有机的、具身的，根源于动物感知符号过程的能力。第三点与第二点相关，即它涉及物理显现，而这些显现的生物性起源意味着，对它们进行系统化只能获得有限的解释价值。第四，它对特定物种符号过程的不可靠性的态度是实事求是的，比如说，它认为动物虽然永远无法通过其感知符号过程的能力了解世界的全貌，但仍可以获得对世界的足够了解以保证生存。

西比奥克认为，冯·于克斯库尔所提出的人类的环境界就是一个模型，或者换种说法，内在世界（Innenwelt）（动物内在的、主观化的世界）的各式模塑行为有助于构成一个动物物种的“客观的”或“公共的”世界，类似环境界那样。模型由符号组成。因此，符号系统就是模塑系统。简言之，模塑就是“有机体（通过其内在世界）映射世界的方式，以及对于该有机体而言，对象对其的含义是什么”（Kull 2010：43）。人类的环境界（就像所有其他物种的环境界一样）源自感觉器官，它使符号过程成为一种知觉/认知活动。依此，模塑活动虽然因物种而异，但它也是生命的一个标准属性。因此，当把人类的环境界与语言等同时就需要一些限定。必须明确的是，这个提法中的语言不仅仅是“闲聊”，事实上，它甚至从来不会像通常认为的那样与“闲聊”密切相关。对此，西比奥克（2001a：14）给出这样的解释。

> 除了智人（Homo sapiens）这一物种中的某些成员能够同时或轮流通过非言语（non-verbal）和言语（verbal）方式进行交流外，所有已知的生物体都只能通过非言语方式进行交流。
>
> “通过言语”（by verbal means）这一表述与“通过言说”（by means of speech），或“通过文字”，或“通过手语”（例如在聋人群体中所使用的手势语言）等表述相当，它们每一个都是人类独有的先决自然语言的表现形式。然而，并非所有人都识字甚至会说话：婴儿通常会发展出说话的能力，但也需要渐进地习得这种能力；有些成年人永远不会说话；还有一些人由于某种疾病（例如中风）或衰老而失去说话的能力。尽管存在这些情况，但缺失某种言语表达能力的人——例如不能说话、写字或做手势的人——通常可以继续进行非言语传播。
>
> （……）“语言”（language）一词有时在通俗说法中被不恰当地用以指代某种非言语传播手段。严格意义上，该词只适用于人类，否则就会造成混淆。应避免使用“身体语言”“花的语言”“蜜蜂的语言”“猿猴的语言”等隐喻性用法。

最终，西比奥克在其1988年关于模塑论的文章中证明，人的特征并不像后乔姆斯基主义（post-Chomskyan）普遍认为的那样，是拥有语言能力［有时被简化为言说或“闲聊”，而不是递归（recursion）的潜力］，而是拥有言语和非言语传播的能力。或者换一种更吸引人的说法，人就是“猿加上语言”（Deacon 1997：5）。西比奥克表明，对早期人类的了解为这一说法提供了一些重要证据。人们认为，早期人类［能人（Homo habilis），大约200万年前］的大脑中藏有“语言”、语法或模塑“装置”。直立人

(Homo erectus)(大约 150 万年前)由于大脑体积比他/她的前辈更大，同样具有这种尚未实现的、可以发展出一个复杂的人类言语交流系统(verbal communication system)的能力。然而，言语的编码和解码能力在大约 30 万年前的早期智人身上才开始出现。由此产生了两个结论。首先，如果语言这么早就出现在人类身上，那么这一事实就为语言与大脑的长期共同进化提供了依据。正如迪肯(1997，2012b：33)所提出的，“语言也要适应大脑”。其次，它表明人类早在开始通过言说实现语言交流目的之前，就拥有了使用“语言”(language)的能力。在言语形式(verbal form)之前，交流应该是通过非言语手段进行的，这种手段今天人类还在继续使用和改进(见 Sebeok 1986b，1988)。因此，西比奥克在 1988 年调整了洛特曼的构想，认为能人和直立人似乎具有“初级模塑系统”，智人则进化出了二级和(作为不可避免的结果)三级模塑系统。

尽管我们确实需要考虑对二级和三级模塑系统的三元区分，但这里，初级模塑系统是关键。人类的初级模塑系统是言语和非言语传播的能力。二级模塑系统是由言说驱动的，即通过发声互动进行言语交流，这是一般意义上的言语性的一个方面，包括书面和口语符号。霍凯特、埃文斯(Evans)及莱文森(Levinson 2009)都指出语言需要声音通道。与这些语言学家观点一致的是，符号学家们认为，初级模塑系统中一些用于人类特定互动目的的能力发生联适应(exaptation)[①] 而形成二级模塑系统(Gould & Vrba 1982)，所以二级模塑系统并不是初级模塑系统先适应(adaptation)的结果。也就是说，言语并不是语言能力发展的必然结果，相反，它被吸纳进来是特定环境条件下的权宜之计。

三级模塑系统是通过社会交流中不可避免的变异而对初级和二级模塑进行延伸后产生的文化形式(包括言语形式，如小说；非言语形式，如绘画；混合形式，如戏剧)，这些文化形式参与较低层次的模塑并给予它们

① 此处的 exaptation(联适应)和后文的 adaption(先适应)是生物学用语，联适应表示一个有机体进化出一个之前没出现过、或原来不具备的功能，先适应表示一个有机体演化出可遗传的身体或行为特征，以实现特定的功能，提高适应性或生存能力。参阅韦伯在线词典，链接 https://www.merriam-webster.com/dictionary/exaptation；https://www.merriam-webster.com/dictionary/adaptation [查阅时间：2023 年 2 月 8 日]。——译者注

反馈（参见 Sebeok & Danesi 2000）。换句话说，二级和初级模塑系统嵌套在三级模塑系统中。关于初级模塑系统，有一点需要说明（这一点贯穿了西比奥克在 1979 年之后的工作之中，但从未被明确表述出来）：初级模塑系统不是一个被设想为“闲聊”的“语言”问题，甚至不是一个被设想为信息传递的交流问题（如在人科生物的非语言交流中可能发现的那样）。相反，它是在环境界中进行分化（differentiate）的认知能力，这种能力很敏锐，而且不断发展。人类所做的分化越多，其环境界就越强。西比奥克（1979a）确认了最初的分化或模塑行为的起点很低，低至细胞和细胞外物体的互动［通过免疫系统和焦虑反应（anxiety）］（见下文第四章）。在动物的审美行为中，环境界的分化形式要复杂得多（Sebeok 1979b；见第八章），这种分化是激增的符号过程的（副）产品，它不可避免地带来社会性。由于孤立地获得符号总是一种极端抽象的行为，符号学乃至生物符号学的对象都要与符号过程的社会性一同考察（参见 Cobley & Randviir 2009）。西比奥克实际上以一种类似于乔姆斯基式的生成观（参见 Augustyn 2009），论证了环境界诸特征不断增强的差异性所带来的进化优势。理解关系的能力（区别于相关事物），以及理解世界上数不胜数的各种要素的能力，被认为是人类的特征——在此，语言定义了什么是人类，也正是在此，社会性（人类所能理解的符号的互联性）在这一过程中至关重要。

在西比奥克的模塑观念中，社会性的作用是隐性的。在某种程度上，人类的社会性似乎刺激了原始人类（hominids）更广泛地与自然世界区分。语言因而是特殊的，它植根于原始人类的行为和发展中，但我们不应该将其作为一个独立的存在而从所有动物的模塑系统中分离出来。语言包含着基本的模塑系统，而基本的模塑系统是更为复杂过程的一部分。在将三种模塑系统的形式对应到皮尔斯式的分类中时，西比奥克和达奈西（Danesi 2000）将初级模塑系统与第一性、可能性（possibility）和试推法（abduction）联系起来。如此，该系统所拥有的构成人类环境界的分化力量首先建立在质性（quality）的领域。初级模塑系统在本体论和系统论上都是质（qualia）的合适归宿，它是刚刚进化成人的人类和同样刚刚形成人性的“前社会”存在模式：“拥有感官体验并能够区分不同质的能力——甜与酸、热与冷、红与绿——这些是知识、理解、交流和智力推理的基础（Brier 2008a：38）”。这些“基本”感觉体验与“高级的”心理过程是一致的或连续的。初级模塑系统是情感的领域，是通向差异化的质的领域，也是在二级建模中由言语和非言语传播共同铸造的动机源泉。在这个过程中，初级模塑系统的部分内容经常被人类遗忘（见第七章），但理解二级模塑系统肯定需要对其在初级模塑系统中的起源进行考察，而不是仅仅对二级模塑系统的单元进行表面上的分析。

除了在社会性方面的发展，初级模塑系统可以说是“第一人称体验”的熔炉，在那里，感觉与识别、记忆、分类、模仿、学习和交流同步发展。值得记住的是，第一人称体验是有缺陷的，它的特点是会被误认、遗忘和误传。对西比奥克来说，不言而喻的是，“符号学模型所描述的不是‘现实’本身，而是由人的质询方法所揭示的自然”（1991a：12），这就是独立于心灵的存在（ens reale）和依赖心灵的存在（ens rationis）的复杂关系在符号学解释上的经院实在论（见第一、二章及 Cobley 2009）。西比奥克还提出以下观点（Sebeok 1991a：17 – 18）。

> 在由来已久对实在性（reality）的哲学追问中，人们提出了两个可供选择的出发点：其一，认为存在（being）的结构反映在符号结构中，从而构成了现实的模型或映射；其二，情况正好相反，符号结构是自变量，而现实成为因变量。虽然两种观点都面临很多困难，但是雅各布·冯·于克斯库尔（德国著名生物学家）在 Umwelt Forschung——大约译为“对主观世界的研究”（research in subjective universes）——这一视阈内，提出了第二个出发点的另一版本。这第二个出发点的另一版本被证明是最符合现代符号学（以及伦理学）的。尼尔斯·玻尔（Niels Bohr）对于现实比现实所依据的语言更基本这一观点的反对，也表明了他的态度，即认同第二个出发点最符合现代符号学（及伦理学）。玻尔回答说：“我们以这样一种方式悬浮着，即我们不能说什么是上，什么是下”（French & Kennedy 1985：302）。符号通过适应符号使用者变幻莫测的环境界而进化并生效。
>
> …

西比奥克进一步说道：

生活中一个复杂的事实是，观察这一行为本身，就会引起残余量节点（a residual juncture），而残余量节点会干扰被观察的系统。心灵的基本构成或“营养物”很可能就是信息，但要获得关于任何所需之物的信息，需要通过一长串复杂的步骤，将符号从感兴趣的对象传递给观察者的中枢神经系统。此外，获取信息的行为也会反作用于被观察的对象，从而干扰其状态。简言之，大脑或心灵本身就是一个符号系统，它与推定的物理世界间的联系不仅仅是通过知觉选择，而且会通过物理输入——感性刺激——的远距离转移来进行。我们可以有把握地断言，所谓“透过镜子，只能看到模糊的一面”（through a glass darkly）[①]，任何动物所能拥有的唯一认知（cognisance），可以说都是有关符号的。

西比奥克一直将符号学视作幻觉与现实的协商问题，是一个关于如何知道哪个是哪个以及它们之间如何关联的问题。人类的大部分模塑系统都远离物理现实，而物理现实是独立于心灵的实体。如此，模塑系统自有其优势，它使人们能够进行远程符号过程：想象可能的世界、虚构现实和设想伦理场景。当然，如果人类只能以远程方式进行模塑，完全与独立于思想的物理现实脱离联系，人类将面临灭绝这一巨大风险。

相比于以往对语言的一些定义，比如，作为交流的语言（例如 Bühler 1990）、作为区分（differentiality）的语言（如 de Saussure 1983）、作为话语（discourse）的语言（如 Vološinov 1990）、作为社会性的语言（如 Halliday 1978）、作为俗常交流（communication of the laity）的语言（如 Harris 1999）或为人类所固有的语言（Hockett 1963），将语言定义为模塑系统，尽管部分与上述定义相通，却显得更有野心。如前所述，它和乔姆斯基早期提出的普遍语法生成观最为接近。作为模塑系统的语言观不同于所有其他角度的语言观，因为它明确地指向一个关于语言是什么的进化理论，对语言的社会性和认知关系给予充分的符号解释。因此，它不仅仅依赖于对

① 原句出自《圣经》：“For now we see through a glass, darkly; but then face to face: now I know in part; but then shall I know even as also I am known.”（参考来源：https://www.biblegateway.com/passage/?search=1%20Corinthians%2013:12&version=KJV，访问时间2022年2月22日）。——译者注

形式模式和内容模式的分析。根据西比奥克的思路，这是意料之中的。作为一个非职业却擅于此道的生物学家，西比奥克还提出符号学是一种系统理论（参见 Sebeok 1977），并致力于进行去本体化（de-ontologization）的研究，以揭示所有领域的符号过程。西比奥克符号学中的系统论后来提及了物理学家约翰·阿奇博尔德·惠勒（John Archibald Wheeler）的参与性宇宙（the participatory universe）这一观点。事实上，惠勒在西比奥克后来的书中反复被提及（1986a，1991b，2001b），他的“对所谓哥本哈根解释高度想象力的演绎”（highly imaginative rendition of the so-called Copenhagen interpretation）（2001b：38）被引用来证明宇宙“被视为一个自创生的‘自激环路’（self-excited circuit），必然依赖于生命、‘心智’和观测方式”（2001b：16）。被惠勒所强调，且为西比奥克所引用的，不是观察中所表现出的人类中心主义，而是观测所涉及的范围和所使用的仪器。这一点在惠勒那篇标题有着西比奥克式风格的著名文章中得到了总结，“探测者和被探测者之间的区别，而非两者的意识，才是基本量子活动观察的核心”。在这篇文章中（Wheeler with Ford 1998：330），惠勒提出以下问题。

> 无论小尺度世界（small-scale world）如何不确定，无论波动多么混乱，我们对自然界的认识最终都依赖于完全确定的、毫不含糊的观察，即都是由我们直接看到的或我们的测量仪器告诉我们。这是何以可能的呢？如果“外在”的世界像一桶鳗鱼一样在蠕动，为什么我们在观察时却发现一桶混凝土？换种说法，量子世界（粒子在此突然出现又突然消失）的随机不确定性与经典世界（我们生活、观察和测量的地方）的有序确定性之间的界限在哪里？

这段引语与去本体化的环境界的观念是一致的。环境界是一个物种在模塑过程中如何“知”的问题，即一个人可能知道某物是一桶混凝土。但是，环境界也是一个存在（being）问题，原因很简单，它是一个物种栖居的特定模式：即使在探知到它们是一桶混凝土时，人类也有可能体验到别的某物，比如说，就它们在有害或有益的特性上，将它们作为鳗鱼来感受。对某些类型的认识或观察，可以通过符号与存在相互作用，把人类从依赖心灵的现实带到独立于心灵的现实。

除了西比奥克对惠勒的理论有所借鉴外，生物符号学还思考了人类作为观察者在“符号域”（semiosphere）概念中的作用，这一概念对模塑系统有所补充。符号域衍生自洛特曼的控制论和自创生论，并由库尔对其定义加以拓展。库尔认为“符号域是所有相互联系的环境界的集合，当其中任何两个环境界发生交流时，就共同构成同符号域的一个部分”（Kull 1998：301）。因此，当一只家猫及其主人各自吃着烹煮的鱼时，二者共享一个符号域。对于猫和人来说，鱼是二者所理解的食物的一种。然而，这两个不同物种的成员与食物发生关系的方式，以及食物存在于各自符号域中的方式是非常不同的。其中，猫的进食可能仅仅是为了生存，它可能完全依赖于主人，人类则可能仅仅是为了愉悦，为了特定的味觉体验，为了文化参与和烹饪追求，为了运用一些关于鱼及其物种成员的历史知识。由此可见，作为观察者的猫和作为观察者的人迥然不同，而其中主要的区别，便在于人类知道他/她知道。人类能够理解作为第三性关系的第三性关系（Thirdness relations *qua* Thirdness relations）（Favareau & Kull 2015：16 n. 11）。换句话说，人作为一种符号学动物（Deely et al. 2005；最系统地阐述见 Deely 2010）就体现为他/她知道符号的存在这一事实。

然而，人类对符号存在的认识本身并不必然导致一种观察者的理论（a theory of the observer）。该理论仍有待发展，布瑞尔（Brier 2008a：119）就曾对此进行过论述。

> 有许多争论（有些甚至在控制论和系统科学之外）主张科学哲学及其基本的认识论概念应该从观察者或现象学立场开始，从而解释人类虽然不知道为什么以及如何“知”却依然能成为知者（knowers）。重要的是要承认我们在知识何为以及知识何以产生的方面仍然无知。我们还必须承认，我们是在语言、文化、社会中与他者共存的观察者。

生物符号学致力于研究“知”（knowing）（见上文第一章），而生物符号学的一个关键分支，赛博符号学，一直在努力推进“知”的研究，以超越二阶控制论的说法，即在某种程度上，人类能站在其环境界这一有利位置来观察宇宙，他们的观察结果是“不可判定的”。符号学所引入的关于实在论困境的能思（noetic）视角表明，至少在特定的细节中，世界最终是可判定的，在可以更高效理解现实之前，诸环境界（至少在人类的环境界）中的这种符号过程都能可靠运行。与后结构主义的唯名论（认为人类受其符号系统支配）等相比，西比奥克的研究体现出一种长期的现实性，这些研究在理解人类符号过程激增的复杂性，以及知识的制度化和系统发育性遗忘（phylogenetic forgetfulness）所造成的阻碍上，都颇为成熟（同见 Cobley 2011）。

因此，西比奥克之后的生物符号学都明确以未来为导向。正如约翰·迪利（2015b）对比论证了生物符号学受皮尔斯启发的两个方面，一方面是皮尔斯将科学视为研究投射（projection）的可能性和对法则的预测能力，另一方面是皮尔斯认为，解释项具有预测未来发展的潜力，而这些潜力还有待挖掘。西比奥克对参与性宇宙的关注表明，生物符号学也有一套关于观察者的新兴理论。库尔等人 2009 年发表的一篇关于 Σ－科学（Σ－sciences）和 Φ－科学（Φ－sciences）[①] 的短文，是回归西比奥客这些关注的初步指引。生物符号学坚定地站在 Σ－科学的立场，它是一门关于“知”而不是关于法则的科学。与此同时，有必要严格地将“知”的情景概念化，因为生物的“知”并不是在真空中发生的。进行非拟人化（non-anthropomorphic）的观察是生物符号学理论建设的核心目的，即以所谈论的物种的术语，而非以用于人类的术语来进行研究。从西比奥克对聪明的汉斯（Clever Hans）效应[②]的讨论开始（Sebeok & Rosenthal 1981），符号学对拟人主义（anthropomorphism）和情感谬误（pathetic fallacy）始终保持着警惕。以前，对拟人主义的回避往往像是对“不可判定性”（undecidability）的托词，即不可能将动机或目的归结到动物或植物的构成上（好像可能对有人性的动物［human animal］这样做），只能是记录有机体与环境的互动。近来已出现对目的论（teleology）和目的（purpose）的反思，在生物

① Φ－科学关注普遍法则和定量方法，Σ－科学关注局部的符号过程并运用定性研究考察生物何以“知”。——作者注

② 聪明的汉斯：汉斯是十九世纪末二十世纪初柏林的一匹表演马，因其展示了非凡的智慧而闻名。这匹马的绝技最终被解释为对驯马人提供的（可能是无意的）微妙线索的简单行为反应。从那时起，行为研究者就引用“聪明的汉斯效应”来表示，如果实验没有经过精心设计，提问者就会无意中暗示出他们想要的行为。来自《大英百科全书》，链接 https://www.britannica.com/topic/Clever-Hans（访问时间：2022 年 1 月 11 日）。——译者注

符号学中更是如此（Deacon et al. 2009）。与此相关，环境界和符号域两个概念，似乎都有助于实现生物符号学“认识”环境的构想。

在生物符号学中，差异（difference）是一个关键因素。符号自由（Hoffmeyer 1996）、行动主体性（agency）（Hoffmeyer & Kull 2003）、物种特异性（species specificity）（Uexküll 1992），这些概念和西比奥克关于初级模塑系统的“差异化”，都强调符号过程的差异性和符号过程反馈的物种差异。差异正是生物符号学的观察得以进一步理论化的支点。当然，差异与生物符号学对象有关，同时应该强调的是，在环境界理论中，对象对各个物种来说从来都是中性的（如果不是“+”，即要寻找的，或“-”，即要避免的，那便是“0”，即可以安全忽略的或没有直接兴趣的）。来自对象的差异在认知、记忆、范畴化、模仿、学习和交流中的非中立性，指向“知”或“环境”维度，超越了生物体的物理环境意义。生物体的感觉器官和任何刺激物之间的关系至关重要。对此，迪利（2001：127－128）做了如下解释。

> 于克斯库尔独具慧眼地看到，体验对象和感觉元素之间的差异主要不是由物理环境中的各种事物本身所决定的，而是由关系决定的。这种关系确切地说，是网络和系列关系。这些关系产生于以下二者之间：一个是任何真实环境中物理呈现的事物，一个是与环境此地此刻相互作用的生物有机体的认知结构。这些关系也非先于并独立于任何此类相互作用而存在。恰恰相反，我们所讨论的关系大多不是有机体和被有机体感知到的东西之间的关系。被有机体感知的只是有限的部分物理环境，这是因为不管该有机体有多少生物意义上的其他认知通道一起发挥作用，被激活的也只是它那有限的、部分感知通道。我们所讨论的关系，首先涉及的是由物理环境中有限的、局部感知的联系所构成的体验对象，而这种构成首先取决于进行感知的有机体的结构。因为生物体在感知中关注的是自身的利益而不是感官刺激来源的“独立”性质，生物体最终根据这种感知采取行动，并在环境中为自身的生存和福祉确定方向。

这里所做的区分很重要，正如第二章中讨论的那样，动物的环境界是它的“对象”世界，而不是通常假设的“主观”世界，是动物与“对象”

相关联的地方。其中的原因，恰好与迪利通过对“事物”（thing）、“对象”（object）和“符号”（sign）进行严格阐述，并将客观性进行逻辑重塑有关。他证明了完全独立于人类的世界，即通俗意义上的“客观”（objective）永远不可能实现。相反，“对象”世界是同时独立又依赖人类存在（或在心独立和心依赖之间波动）的特定混合。

因此，任何对象，包括科学所关注的对象，都注入了体验。无论物理主义科学如何广泛地声称与“事物”（things）的本体有关，科学其实并没有真正处理纯粹的“物性”（thinghood）。一般来说，科学研究关注的是将自身呈现为事物的对象，即使是一种进步的科学，且这种科学能够自察（selfaware），即能够关注到观察者自身、观察过程本身，它所关注的依然是对事物进行揭示的对象。

生物符号学可以从皮尔斯的诸多思想中获得启发，比如后者的进化哲学、宇宙论，以及对目的、因果和终极（finality）的系统思考（具体例子见 Hoffmeyer 2008a，b）。所有这些思想都影响着生物符号学对观察者的关注，它们也有助于生物符号学摆脱拟人主义，以便更好地发展 Σ－科学，发展一种帮助理解自然界中的行动主体性现象的“知”的理论（见第四章）。然而，在 Φ－科学（如行为主义［behaviourism］）中摆脱拟人主义，与在有野心的 Σ－科学（如生物符号学）中摆脱拟人主义，是两个不同的问题。在对“知”这一理论的投入中，在为各物种寻求“意义”的过程中（不只是对刻耳柏洛斯恶犬的一点贿赂[①]），以及在对拟人主义引发障碍的确认过程中，生物符号学关注的方向与拉普拉斯主义（Laplacean）、机械主义、物理主义科学中的决定论和工具主义都相反。正如已经讨论过的那样，在环境界和符号学理论的支持下，生物符号学有一个关于观察者的理

① 原句为 no mere sop to Cerberus，取自英语习语 sop to Cerberus。刻耳柏洛斯（Cerberus）是希腊神话中给冥界（Hades）看门的三头恶犬，据古罗马史诗《埃涅阿斯记》（Aeneid），一位女先知用一块含催眠草的饼诱惑刻耳柏洛斯，使它昏睡过去，帮助勇士埃涅阿斯（Aeneas）顺利下人冥界了解自己的身世。后常用来表示用蝇头小利贿赂以方便行事。参考韦氏词典电子版，链接 https://www.merriam-webster.com/dictionary/sop%20to%20Cerberus，百度百科“刻耳柏洛斯”，链接 https://baike.baidu.com/item/%E5%88%BB%E8%80%B3%E6%9F%8F%E6%B4%9B%E6%96%AF/4594193?fr=aladdin。［访问日期：2022年1月18日］——译者注

论，而赛博符号学也试图发展这一理论。该理论认为人类与其他生物确有区别，因为人类能意识到将自身置入观察实践的困难，而其他生物体则对观察实践不加考量。虽然人类与其他有机体共享“知”的过程，但人类可以超越对所经历的物质现象的直接观察并进行想象。事实上，人类观察活动中的拟人主义甚至可能是对科学工作有益的，因为它可以要求考察自然界中的冲突关系，无论这些冲突是由人类和其他生物之间的哪一方引发的。另外，它可能涉及对环境界理论中进化原则的重新审视，因为物种能够生存本身就表明了其模塑系统的有效性，“熵的存续和最大耗散都不足以解释能够感受质（qualia）的内在世界系统的发展”（Brier 2008a：377）。当然，这将涉及那些在生物体中所获得的“知”和它们最终可能被认识的“知”之间的关系。

在提到人类模塑系统、语言，以及人类与其他物种的区别时，生物符号学既不是现代意义上的还原性理想主义，也不是前现代或现代意义上天真的现实主义。生物符号学的问题不是人类的“知觉”（perception）与“真实”（the real）的对立问题，而是在现实与幻觉之间，在原始的物理性与存在者感觉（the sensoria of beings）之间的关系问题。这些都是在持续模塑过程中发挥着作用的关系，其中一个组成部分是“知”的可能性。如果可以根据所有有机体的“知”的可能性来进行研究，那么人类和其他有机体只是在程度上有所不同。当然，在对（符号学）程度的差异进行深入研究时，生物符号学揭示了人类在种类上也是不同的。然而，应该强调的是，人类观察者的种类差异并不仅仅是知道符号的存在以及现实可能是“不可判定的”，就像建构主义老生常谈的那样，比如艾柯（Eco）的观点（1990：41）。

> 如果符号没有揭示事物本身，那么长远来看，符号过程会产生有关事物（the thing）的一种社会共享的概念，社群参与其中，就好像它本身是真的一样。先验的意义并不处于这个过程的源头，而是被假定为每个过程的一个可能的和暂时的终点。

在这里，重要的甚至不是社会共享，而是符号学展望未来，展望可以完成的工作。符号学预设观察者来自某个（皮尔斯意义上的）解释社群。

这似乎与冯·福斯特的建构主义结论相吻合，即“真实＝社群”（von Foerster 2003：227）。然而，在生物符号学中，即使有着相似意涵，问题也没有这个公式那么简单。冯·福斯特（2003：216）主张在名词短语“a reality”中使用不定冠词，从而区分出两种不同的用法。

> “The－流派”：我的触觉证实了我的视觉感觉，那就是有一张桌子。“A－流派”：我的触觉与视觉联合（correlation）产生了一种体验，这种体验可以用“这是一张桌子”来描述。

事实上，从真实的可能性退回到体验中去，冯·福斯特不过是用一种意思（sense）来补充另一种意思，此外，就符号学而言，冯·福斯特还建立了另一种错误的对立。符号学属于“The－流派”，但不是因为它依赖用以确证的感知，而是因为它关注感知和物理现实之间的关系。生物符号学指出，人类模塑系统的特点是它固有的体验均衡让观察者得以尽可能接近又不干扰到事物本身，让事物本身超越符号和对象，处在环境界的边缘。

如果认为这就是科学所要做的，那么宗教、艺术、小说、政治和意识形态与之相比，似乎是相对贫乏的认识方式。这些都是第一人称的体验，是准知的（quasi-knowings），并没有超越符号或对象的意义，或者说，在某些情况下，无法超越第一人称的体验。它们似乎是结构的结果，而这些结构的起源是人类所独有的，这种立场已被超现代或后现代思想所利用。根据这一思想，世界仅由权力的转移构成，实际上，除了城邦之外，什么都不存在。生物符号学呈现了人类认识的综合，在此，人类认知与其他有机体中的符号过程是连续的。这并不是说“知”的概念无法揭示除其自身存在这一事实之外的任何东西，而是挑战了这样一种观念，即对于不可言说之物，应保持沉默。这为解释人类模塑系统提供了一个关键框架，尤其是将语言作为一种生物现象而非工程过程的调查方式，与迪肯（2016；见前文）的观点一致。生物符号学也使得理解更广义的符号（认知的和社会的）约束和可供性显得必要，正是这些约束和可供性使语言变得“特别”，并且远远超过了其本身形式和内容的总和。语言不单是自然直接决定的结果，这在生物符号学中已经很清楚了。霍夫迈尔曾注意到他的一些学生不愿意接受人类语言是自然界中的特殊事物这一观点，他对此回应说，“虽然在一切事件中，人类最亲密、最深刻的体验无论如何都不能说是具有语言的性质，但坚持认为语言没有什么特殊性是非常荒谬的”（Hoffmeyer 1996：97）。这一观察并不能算作例外主义（exceptionalism），但面对机械地和描述性地理解语言所造成的僵局，一些人将人类和语言作为例外来进行解释的方式也是可以理解的。有关文化的例外主义的表述，至少在转喻意义上关联到语言和人类。生物符号学的模塑理论既提供了一个进化的视角，以发展的层次和阶段为特征，同时也承认，人类的规约符号指称（symbolic reference）虽然不是与生俱来的，但在生物域（biosphere）中也是独一无二的。

达尔文最初的断言所引起的普遍疑问是：人类和非人类有机体之所以有区别是因为种类差异，还是因为层次（级）上的差异？正如我们所看到的那样，生物符号学并没有采取任何中立态度（事实上，它有着一个激进的目标），而是坚持认为人类与其他生物之所以不同是因为两者在种类和层次上都存在差异。霍凯特直言不讳地指出，虽然语言有一个世代相袭的“传统”，但这绝不可能涉及一种语言（a language）“通过种质（germ plasm）”传播的惯例（1963：9）。这里，霍凯特的论述有些模棱两可，可能是由于他略去了民族语言和自然语言的区别，以及使用了不定冠词。然而，即使是霍凯特也认为，“基因提供了语言的潜能，也许还提供了一种普遍的驱动力，因为非人类的动物无法学习人类的语言，而人类基本上都能够习得一种语言”（1963：9）。因此，尽管霍凯特将人类语言与其他动物的交流分开，比如蜜蜂之间的交流（很可能是因为基因遗传），但就基因遗传的过程而言，他依然认为二者是同源的。特别是在语言问题上，生物符号学认为基因遗传不是周期性的突变，而是一种涉及嵌套和嵌入的发展，即语言的特点是符号指称的嵌套或嵌入（Deacon 1997；见第一章）。嵌套和递归是语言和大脑共同进化的一部分，“可以这么说，只要有符号指称的运作，就可能会有自然而来的共同进化（Deacon 2012b：19）”，这种进化产生了其他动物所不具备的能力。这种“种类差异”提供了投射（projection）的可能性，这是人类环境界的一个特征，它不应被视为一个独立的单位，而是与认知、记忆、分类、模仿、学习和交流，以及行动主体性和认知支架搭建（scaffolding）的具体形式相重合。它是产生艺术形式、虚构现实（见第八章）和伦理（见第五章）的潜力所在，亦是我们作为符号的动物，认识到第三性关系，即符号存在的潜力所在。事实上，由于语言种类的不同，迪肯（2012b：34）提出，人类为自己创造了一个“符号生态位”（symbolic niche），在那里既可能存在想象、艺术和社会性上的一致性，也有具有灵活性和相对不受约束的自由。然而，应该记住，语言在此是初级模塑系统，是一种对细微分化的认知能力，这种能力在言语和非言语（verbal and non-verbal）交流中潜在地表现出来。语言中心论倾向于忘记或压制这种人类模塑系统的双重传承作用，哪怕文化通过其多种形式的影响反复承认它。在这个方面，生物符号学对文化的影响与语言中心论恰恰相反，它并不试图将自然界（无论是鲜活的还是消亡的）话语化（discursify）以提升人类对自然的理解。人类的语言现象被证明是特殊的，“在种类上不同”，不是因为它与其他所有符号过程相背离，而恰恰是因为它与鲜活的自然相连续。

第四章

自然主体

生物符号学不仅洞察人类的本质，还重新阐述人类主体的本质。它颠覆了集体与个人之间相区别的观念，这些观念在现代世界，特别是自法国大革命以来，一直塑造着人们的常识（Siedentop 2015）。在过去的 25 年里，"身份研究"（identity studies）如雨后春笋般迅速发展，其中有一部分就是关于人类主体的讨论。在这一领域的现代文献中，所谓的"自我性"（selfhood）和所理解的"主体性"（subjectivity）之间往往关系紧张（见 Atkins 2005：1－2）。前者涉及一种概念，即人能够意识到自己的存在、所拥有的智力，以及自己与他者的区别；一般而言，后者意味着人是由一系列"实践"构成的，这些"实践"先于人而存在，然后（或者"早已如此"）塑造着人的存在、思维过程和选择。这些实践在其意义上是"文化"的，或者更明确地说，就是符号性的实践。在关于现代性中人的身份、主体（subject）和自我（self）的许多著作里，主体性和自我作为一组同义词可能已经成为公理，这主要是因为人们不再认为它们的特征构成是单一的或者固有的（见 Benhabib 1992；Cascardi 1992；Giddens 1991；Taylor 1992），比如艾略特（Elliot 2001：2）的观点。

> 自我是灵活的、断裂的、支离破碎的、分散的和脆弱的，这样一种个人身份的概念可能是当前社会和政治思想的核心观点。随着当代文化的步伐、强度和复杂性快速变化，自我也变得越来越分散。在后工业资本主义的大框架内，个人的自我被取代和打乱，人们越来越多

地转向消费、休闲和旅行，以充实日常生活，这一点已经被一些人强有力地论证过了。

当然，这段的最后一句很重要。可以肯定的是，还有其他方式可以用来构想包含选择、行动主体和灵活性概念的主体性与自我，同时也保留一种限制人类自由的反人道主义。此外，正如艾略特所说，从“弗洛伊德主义和女性主义到后结构主义和后现代主义”（2001：11），各种观点充斥着现代性中的主体性研究。显然，从笛卡尔，经由启蒙运动，再到女性主义进行追溯，我们可以发现这些观点不仅是以欧洲为中心的，而且是以所谓的“大陆哲学”为主导的。然而，其中的一些观点是对索绪尔研究的运用，它们提出了一系列关于“语言”（language）的猜想，不仅误解或歪曲了语言的源头（全面概述见 Harris 2003），也将其完全限制在了一个狭小的范围里。在考察人类和动物是在程度上还是种类上存在差异时，对语言给出的各种定义相互矛盾，其中的一些矛盾在考察人类主体时反复出现。

与大陆哲学传统一样，笛卡尔对主体性的观点专注于“我思”（cogito）或“我”（I），这成为个体主义思想的基础，却与生物符号学极不相容。本书的前几章中谈到了生物符号学强调自然界的连续性，从前几章或许可以推论出，它与笛卡尔的身心功能分离论完全不同。这不仅仅是因为笛卡尔的理论以各种方式，尤其是在文化层面上，通过将身体置于一个次要位置而释放了精神生活并予以其自由，也是因为身体构成的从属地位符合人们的一般认知，即身体构成充满局限性。而生物符号学对内符号过程的认可彻底宣布了笛卡尔主义无效。霍夫迈尔指出，“人类实际上是数以百万亿细菌合作的产物！”（Hoffmeyer 1996：23）这一声明前无古人，加一个感叹号看起来很合适。他又补充到，“无论听起来多么奇怪，但现代的真核生物细胞似乎是遵循某种共生机制而产生的，它是由许多微小的原核生物细胞结合在一起形成一个大的分支细胞，即真核生物细胞”（1996：30）。因此，笛卡尔主义者所钟爱的统一感不过是一种幻觉（Hoffmeyer 1996：86）。“一万亿个细菌，以十万亿个细胞的形式，（它们）协同完成了成为人类的工作”（1996：124），如此构成的一个“全体”（swarm）（Hoffmeyer 1995）的强度之大，以至于它们“对于被认为无意义恕难从命”（1996：128）。霍夫迈尔的思考超出了符号过程，但其仍立足于连续性，他后来主张人们永远通过言说（speech）来接受内在世界（Innenwelten）集体化（collectivization）的影响，而这种言说主要是由语言，即人们的环境界（1996：112）促成的。不过目前的主要观点认为，内符号过程表明身体肯定不在心灵的指导之下，而且在某种程度上，因为身体不是“我们自己的”，个体主义作为一种观念是站不住脚的。通过这种方式，生物符号学即使探究的是自然的“智力”（intelligence），却与认知过程的具身（embodiment）研究、智力的“自然化”（naturalization）研究有了共通之处（Hoffmeyer & Kull 2003：260 – 261）。

虽然人类是内符号过程的产物，或者说是由内符号过程构成的，但有必要说得更具体一点，因为即使是在一般解释中，人类到底服从什么的疑问也会引发棘手的行动主体性问题。根据语言中心论的方法，人类很明显受话语、“语言”、“语言过程”（languaging）或“能指游戏”等的影响（例见 Belsey 2005）。然而，生物符号学对语言的理解与语言中心论对语言的理解有一定距离。在上一章中，我们说到了将语言视为一种模塑装置。也就是说，语言这种模塑装置不一定和言说有关，它以一种广义的后乔姆斯基方式先天地存在于人类中，并且构成了一个环境界，这个环境界具备一种特征，即可能使人类远远超过其他动物而显得与众不同，所以在这个意义上可以认为人类受制于语言。然而重要的是，当人类受制于一个他者时，由内符号过程构成的人类也受制于集体性。

在生物符号学众多鲜明观点中，第一个观点正是因坚持连续论而得出来的（见第二章），比如埃斯波西托（Esposito）的观点。

> 特定对象可能被视为逻辑个体或者语言预测主体，但当我们是自然哲学家时，就不能这么看这些特定对象，因为这样很可能无法识别和提出与它们有关的重要问题。相反，它们应该被视为没有先验边界的、取之不尽用之不竭的系统集合。

同样，为了避开先验边界的虚幻及其带来的具体化问题，皮尔斯援引了连续论。在一般的、哲学的意义上，他做了如下论述（6.173）。

> 根据连续论原理，我们不需要去问三角形的三个角之和是否正好等于两个直角之和，而是问总和是更大还是更小。因此，如果意识并不意味着某种程度的感觉，那么连续论者是不会相信有些东西是有意识的，而有些东西是无意识的。他宁愿去问是什么情况使得这种感觉程度提高了，并且不会认为原生质的化学式是一个充分的答案。简而言之，连续论相当于这么一个原则，即不可解释之物（inexplicabilities）不会被视为是可能的解释（explanations），任何被认为是终极的东西都应当是无法解释的（inexplicable）。这种连续性体现的正是在可分割之物中终极部分的不在场，普遍性的表现形式指的就是仅仅依靠它就可以理解任何事物，而这就是连续性。

更为直接的是，他从人这一主体来解释连续论（7.571）。

> 任何一个连续论者都不可能说："我完全是我自己，而绝对不是你。"如果你接受连续论，就必须放弃这种邪恶的形而上学。首先，在某种程度上，你的邻居就是你自己，而且在很大程度上，即使没有深入的心理研究，你也会相信这一点。你自以为的自我，绝大部分都是最庸俗的虚荣错觉。其次，在某种程度上，所有与你处境相似的人都是你自己，尽管相似方式不太一样。

正如我们所看到的，生物符号学确实包含了连续论，也确实放弃了邪恶的形而上学。然而，无论是从皮尔斯理论还是生物符号学来看，连续论就其产生的效果而言，都不仅仅是一个哲学方法的问题。很明显，皮尔斯直接提到了"个人身份的野蛮概念"（EP 2：3）。在上述引段中，皮尔斯的强力谴责表明，无论是哲学标准下对自我的叙述，还是一般的、大众对自我的理解，二者所具备的普遍本质构成了日常生活的关系，皮尔斯认为必须毫不含糊地反对这种普遍本质（Cobley 2014）。从内符号过程，到整个自然界，再到人类事务各领域，生物符号学对连续性的坚持已经具有政治性质，与现代自由人本主义立场截然对立。

生物符号学中第二个鲜明的观点，是认为人类受制于一个"他者"，这种受制关系有着深厚的传统。在研究细胞间通过免疫系统和焦虑反应相互作用时，西比奥克发现了自我与他者之间最初的关系。西比奥克的“符号自我”（semiotic self）概念是对主体性概念的程序性重构，强调符号过程是生命的特征。他的探索研究主要出现在四篇发表的论文中，首先是《符号自我》（“The semiotic self”）（1979a）和《重访符号自我》（“The semiotic self revisited”）（1989），这两篇文章在他的《符号就是符号》（*A Sign is Just a Sign*）（1991c）一书中重印，并构成了这本书的理论基础。另外两篇是《告诉我这绮想从何而来：生物符号自我》（“Tell me where is fancy bred?：The biosemiotic self”）（1992）和《认知自我和虚拟自我》（“The cognitive self and the virtual self”）（1998），这两篇作为第二个理论支架在2001年卷《总体符号学》（*Global Semiotics*）（2001b）中重印。

对西比奥克来说，自我不仅是从生物发展的低水平上开始的，还涉及一种非常特殊的符号。在《符号自我》这篇激动人心又简洁明了的文章开头，他指出弗洛伊德对焦虑的定义简单扼要。对弗洛伊德和西比奥克而言，焦虑是一个符号，更具体地说，是一种坚定的指示符号，是有机体免疫系统工作不可或缺的一部分，维持着“自我”和“非自我”之间的区别。西比奥克认为，免疫系统包含一种基于生物鉴别的记忆，但也运行着另一种记忆，即焦虑，后者还包含各种行为的模式。当自我受到威胁时，焦虑会被激活，这可能是由一些符号引发的，这些符号或许“呈现出准生物的形态，例如对于作为猎物的狒狒来说，作为捕食者的猎豹的气味踪迹，或许呈现出语义的特征，例如一个外来者强行进入自我领域时激起的某种言语攻击”（1991c：39）。实际上，在更高的有机体层面，西比奥克还提到了焦虑的一个诱因，如在医患互动中，身体症状抵抗使用言语和叙述（2001b：123），但症状在身体上的粗暴呈现或粗暴指示又需要解释。西比奥克认为这一解释也是维持自我的核心活动，并且不可避免地与他人相关。

> 任何自我都可以也必须对观察到的另一个有机体所特有的行为（behavior）进行解释，这是自我对*它的*环境所做的*它的*解释的一种回应。其中，“行为”意味着一种倾向，这种倾向使得自我能够将它的环境界与它的生态位中的生命系统联系起来。（2001b：126）。

他补充到，“解释”行为是一种“任务”（assignment）行为，即将被解释的现象上升为“符号状态”（signhood），这也是自我在维持时“自创”（autopoietic）（2001b：126）的行为。

在他的文章中，西比奥克关注自我维持中的焦虑、爱和对体型的理解。然而，焦虑在免疫系统中的作用显得非常重要，值得在这里通过西比奥克的总结性命题来深入理解。

> 1. 对自我的理解至少有两种：
>
> （a）一种是免疫的，或者生物化学的，携带着符号学色彩；
>
> （b）一种是符号的，或社会的，以生物学为基础。
>
> 2. 免疫反应的活动场域是皮肤下；信号焦虑的发生场域则通常在海迪格（Hediger）[①] 所说的“气泡”（bubble）的边缘和有机体的皮肤之间，而且前者包含后者。
>
> 3.（a）的入侵最初是免疫反应的信号，而（b）的入侵则是焦虑的信号，后者是前者的早期预警系统。
>
> 4. 在进化过程中，（a）非常古老，而（b）相对比较新。其中存在一个从纯粹的转喻关系到被视为因果效能关系的相对进步。
>
> 5. 在这两个过程中都会发生沟通错误，并且可能会对自我产生毁灭性的影响（1991c：40）。

西比奥克区分出从免疫反应和从符号过程来理解自我这两种类型，这显然非常重要。免疫自我以“符号的”方式运作，符号自我以最复杂且可能出乎意料的方式运作，后者以生物动力为基础。

跟语言一样，自我由一个复杂的符号有机互动过程构成。自我的认知是在社会的符号学语境中被设定的，却在身体中不断演化。这一次，自然领域中的连续性表明，主体性的不同形式作为被审视的现象，来自对“他者”以生物学方式的参照（other-reference）。佩特丽莉和庞齐奥（Petrilli & Ponzio 2005）在文化和传播理论领域发展了这一见解。然而，主体

---

① 即海尼·海迪格（Heini Hediger，1908－1992），瑞士著名动物生物学家。其动物生物学理论为西比奥克符号学理论带来很多启发。——译者注

性被概括为自然的副产品，是基本细胞相互作用和统一筛选的结果，并非是决定性结论。生物符号学一贯规避决定论，并通过强调行动的主体性和否认“取消主义”（eliminativism）明确地践行这一点。生物符号学不仅要讨论高等有机体，还通过符号学框架彻底改变了对低等有机体的理解。此外，从广义上看，这一框架包含认知性和社会性。例如，霍夫迈尔写道：“即使是阿米巴虫也能选择一个方向而不是向另一个方向去移动，比如被最丰富的营养来源所吸引并朝其移动。”（Hoffmeyer 1996：48）这样，生物符号学在自然研究中引入的是“内意向性（intentionality）”这一复杂概念，因为它与行动主体性一样，来自具备多样性的文化领域，而使得这一概念不适合或者不容易被翻译到自然领域。

生物符号学中关于“内意向性”定义的争论仍在继续（见 Favareau 等，即将出版[①]），然而，霍夫迈尔在提出将生命实体概念发展为“意向系统（某种意义上的主体）时非常谨慎，因为前人已经建立了其他通过感觉感受器的参照与自我参照相结合的渠道”（Hoffmeyer 2010a：31）。这意味着人类的内意向性是一种生物学特征，具有连续性，而不是机器中幽灵的延伸。因此，尽管人类及其文化不仅仅是生物决定论的结果，它们也不只是环境的产物，就像在许多先天/后天（nature/nuture）之辩中所说的那样，这些辩论在所谓的“标准社会科学模型”（the Standard Social Science Model）中为后者赋予了特权（见 Pinker 2003）。霍夫迈尔和库尔写道：“有机体不会被动地屈服于严苛的环境，相反，它们在环境中感知、解释和行动的方式会创造性地、出人意料地改变整个选择和进化的环境。”（Hoffmeyer & Kull 2003：269 – 270）因此，我们必须从感觉感受器对刺激的生物性准备，或者在文化层面上对于他者的“回答性”，来看待行动主体性。这个“回答性”被一个不可能包含自我身份的建构所忽略或遮蔽（见 Ponzio 2006a）。

显而易见，生物符号学是辩证地看待主体性和行动主体性的。此外，这种辩证本质在生物符号学的一个关键论点上有所延续，即在上一章中提到的关于言语性（verbality）和非言语性（non-verbality）本质的讨论中延

① 本书英文原著于 2016 年出版。——译者注

续，但是在本章中，这种辩证本质在对行动主体性的讨论中发生了变化。西比奥克的模塑系统理论（Sebeok 1988）无疑意义深远。正如我们所看到的，模塑系统的三分法也呼应着皮尔斯（和莫里斯）的三分思维。个体发生学将其视为有其像似性、指示性和象征性的阶段和组成部分，此外，系统发育学的象征维度对人类思维以及人类思维中特定形式的模塑基础，都具有特殊意义。这三种不同的模塑系统，似乎大体上表明了“符号自由”的不同程度。就行动主体性而言，最重要的是第三个层面，即象征性（symbolic）主导之处，该层面具有可发展（growth）的特点，也就是皮尔斯（2. 302）所说的“符号发展（Symbols grow）”。同时，西比奥克（1977：181）对此也进行了如下补充。

> [乔姆斯基] 设想的语言习得方式生动地呼应了（他很清楚）皮尔斯关于试推逻辑的一些想法——用语言学家对“语言使用的创造性”（the creative aspect of language use）进行富有成效的新解（Sebeok 1972：6），并用其来挑战现代语言学中的问题。

西比奥克在观察符号研究的两大传统——符号学和语言中心论——时指出，语言是自然界相对较新的一部分，它的发展（在向上的二级模塑系统上）是“拉马克式的”（Lamarckian），即体现为一个学习的过程，并成为后续世代进化遗产的一部分。参照贝特森（Bateson）的观点，西比奥克注意到达尔文和拉马克的进化论在人类这种动物身上存在，使人类的进化“不仅是对人类出现之前的进化过程的重新确认，而且作为在实践中几乎无法分离的双重符号过程而保持连续性：一边是语言不敏感的（动物符号学）过程，另一边是语言敏感的（人类符号学）过程”（1977：183）。这句话对生物符号学的文化意涵极为关键，其重要性不可估量。值得注意的是，西比奥克并不认为进化中的人类依赖于语言，也不认为人类是由语言“构成”的主体，人类只是对语言敏感。人类与他们的非人类祖先有类似之处，却并非在所有层面上都是一样的。人类和非人类的区分必然是一个特殊的进化过程，这一观点不同于传统的达尔文主义和拉马克主义。

对这些观点的讨论有可能会引起危险的转向。虽然霍凯特指出了“传统”（tradition）在传承一种语言方面的重要性（如上一章末尾所指出的），但语言可遗传的观点间接地支持了文化例外主义者。拉马克认为“语言”(language) 明显具备传递后天特征的能力，拉马克的语言观虽未被文化分析家们参考使用，但是却为他们所珍视和认可。这种语言观强化了语言的模塑系统基础，并在某种程度上解释了为什么乔姆斯基的作品在文化和传播研究中的影响微乎其微（甚至不被接受），尽管同一时期他那些与媒介和宣传完全无关的作品广受欢迎。特里·迪肯对语言的系统发育和个体发生进行了更为细致入微的描述（在第一章和第三章已讨论过），更加详尽地揭示了人的行动主体性的作用。霍夫迈尔对此也有论述。

> [迪肯所描述的场景] 指向了一种明显的可能性，即语言以这样一种方式逐渐改变，其语法与儿童的直觉逐渐达到最佳吻合。语言对人的大脑的改变是一个极其缓慢的过程，其中，语言自行调整以适应儿童大脑的模式，而人的大脑在下一轮调整中适应了新的语言挑战。(Hoffmeyer 2008a：294)

这并不是盲目的、取消主义式的进化，相反，它体现着行动主体性。就语言、进化和主体能动性而言，迪肯的论点中包含来自人类学和认知科学的大量细节，他认为以发展为特征的规约符（symbols）本身就是人类语言交流的特征之一，规约符代表了超越动物所使用的指示符和像似符的飞跃。用皮尔斯的话来说，这是一个“试推的”飞跃，这一飞跃不依赖于事物的关系，而是依赖于一个系统来进行“猜测”(guessing)，在这个系统中，规约符有可能互相指称，也可能指称世界上的其他事物。正如迪肯所指出的，黑猩猩可以学会使用有限数量的规约符，而且，就像霍夫迈尔(2008a：285) 在 RNA 和 DNA 方面所坚持的那样，“在人类出现之前，规约符指称（symbolic reference）的出现就已经是进化论的一个主题”。

然而，迪肯令人信服地指出，人类符号思维的能力很可能是由与仪式相关的体验和学习培养出来的。乔姆斯基和达尔文的观点正好与之相反，在他们看来，迪肯的这种进化论观点是鲍德温式的（Baldwinist)。然而，我们不能将鲍德温的进化观点理解为为了自由意志而牺牲科学原理——文化分析者也许会忍不住这样去解读。在一本关于“鲍德温效应”(Baldwin effect) 的书中，霍夫迈尔和库尔都有撰文，俩人不约而同地极力避免以生物学家的方式低估哺育的复杂性。在比较肝脏细胞对肾上腺素浓度的“解释”（interpretation）和人类观察者对烟的“解释”时，两位研究者的语气听起来十分谨慎。

> 肝细胞在一定程度上是不确定的，以至于它所处的情境确实卷入了细胞控制的无数关系中，虽然卷入程度很浅。例如，同一种G－蛋白调节各种细胞识别程序，而不同的G－蛋白有时会由同一受体（receptor）所用。（2003：261）

肝细胞对受体和接受物（effector）有一种“选择权”，这体现了行动主体性。然而，尽管霍夫迈尔和库尔强调选择而非决定，就像迪肯指出仪式和学习的区别一样，这种对选择的强调并没有掩盖二者互为补充的观点。此外，这种互补的观点与焦虑和免疫系统的工作方式相一致。也就是说，人脑的解释和选择与肝细胞的解释和选择是相关的（consanguine），前者通过内符号过程与后者相关，并作为“对人类出现之前的进化过程的再确认”，呼应了上文中西比奥克的话。

这里对内符号过程的强调是为了避免生物符号学在有关行动主体性的发现上“画蛇添足”（over-egging the pudding）。在一个行动主体性被忽视或低估的群体中强调行动主体性是一回事，而在一个主体性行为价值已经被夸大，以至于忽略或否认它在文化之外存在这一事实的群体中过度强调主体性又是另外一回事。因此，重要的是要记住，生物符号学的一些关键原则在人文学科和自然学科之间架起了一座桥梁，其中最显而易见的是，对自然世界中主体性的认可，让生物符号走向了人文。同时也不能忽视的一个事实是桥梁并不一定是单向通道，也就是说，既然有文化友好的各种条件在先，便会有来自科学的各种要求紧随其后。这方面的一个例子是霍夫迈尔和爱默彻（Emmeche）的符码二元性（code duality）这一关键概念。简单来说，就是他们在生活中设定了一个行动的密码和一个记忆的密码（Hoffmeyer & Emmeche 2007：27）。霍夫迈尔补充说，“每一种生命形式都以自身的形式存在，即作为一种‘有血有肉（flesh and blood）’的有机体存在，并作为自身的一个符码化的描述而存在，这种符码化的描述存在于构成遗传物质的显性的DNA分子当中”（1996：15）。有机体不能永生，而是将符号作为不同“版本”的自己代代相传下去，使遗传进入“符号生存”（1996：24）。相似的符号将主导有机体在有生之年的各种行为，并在不同程度上可变化、可解释，其中“遗传记忆是只读的”（Kull 2007：8）。霍夫迈尔和爱默彻指出，记忆符码必然是数字形式的，但这种数字记忆的传递只能在种群（population）层面而非个人的层面上被观察到（2007：35）。符码二元性似乎强调了一种更广义的观点，即当数字符码的作用范围有限时，数字符码便被赋予了一种自主特性。这对于文化分析家来说是一个好消息，因为作为一个团体，这些文化分析家几乎没有时间把生物还原主义当成一个影响文化政策的潜在因素，但这种潜在影响却包括从学习理论和实践到监察（policing）的众多步骤。

然而，无论是在基因领域还是在模拟符码活动领域，符码二元性都不应被视为是推崇自主性甚至个体主义的。在评估道金斯基因自私观时，霍夫迈尔和爱默彻将其与常识性的、世俗的个体主义相对立。通过一个有趣的对比，个体主义被证明夸大了假定的先天主体性所具有的恒定性和真实性在人类博爱和传承中的作用。

> 在我们看来，这种完全还原主义的观点［自私的基因］赋予了数字符码太多的独立性。与此相反的一个常识观念认为个体独一无二，且不应该被视为除其自身之外的任何事物的工具，正如常言道，人人都是自己未来的建造师。但从生物学的角度来看，这种个体主义似乎毫无根据，毕竟个体是必死的，如果没有有性生殖，它们就不可能持续存在。因此，从生物学角度来看，个体主义倾向于高估活的生命模拟阶段的独立性，低估共同基因库数字符码所反映的物种历史的重要性。“DNA 主义”（DNAism）和“个体主义”都倾向于让我们忽视符码二元性，这也体现着模拟符码和数字符码在翻译过程中的微妙之处。（2007：51）

回到翻译的问题，霍夫迈尔和爱默彻的观察表明，虽然生物符号学作为一个整体嵌入到了符号学中并使用了文化分析中的词汇，但它也需要人文学科在各学科之间架起桥梁，以审视自然连续性这一具有说服力的图景。

另一个例子是“符号自由”（Hoffmeyer 1996，1998，1999，2008a；Hoffmeyer & Emmeche 2007）这一概念，霍夫迈尔称之为“有机进化的内在核心”（the inner core of organic evolution）（2010a：31）。当然，初看这个概念，它与自然界中普遍认定的主体能动性一起，似乎使科学更接近于文化的定性问题。霍夫迈尔将第一批生物系统发展出的预测或“解释”周围环境之规律的能力称为符号（signs）。正如库尔所说，当识别、记忆、分类、学习和交流相辅相成时，就意味着一个决定性时刻的到来。最终，对这些有关规律的符号的解读，可能会对生命系统的未来产生影响。正如我们在第一章所看到的，霍夫迈尔举了一个例子，“当细菌‘选择’沿着营养梯度向上游游动，而不是干等养分自行到来时”（2010a：34），便具备了一种“预测的天赋”（talent for anticipation），这种天赋倾向于选择更具有符号自由的系统。

这种结构的另一种表达方式是“解释”（interpretance），指细胞、有机体、物种区分其周围环境或自身内部各种参数，并根据这些参数的重要性来加以运用的能力。霍夫迈尔指出，在原始水平上，主体的符号自由度非常低，它是一种物种属性，而不是有机体属性（2010a：35）。然而，在人类中心主义者和语言中心论者仓促给出“人类符号自由是完全不同”的定论之前，霍夫迈尔就在脚注做了补充。

> 即使在这个层面上，也不能马上排除个体符号自由。细菌是一个由蛋白质和其他成分组成的极其复杂且调节良好的系统，尽管其学习过程可能不会在这一水平上直接发挥作用，但细菌能够通过从噬菌体中主动摄取外源 DNA 来改变其行为（2010a：35 n.9）。

对于最狂热的人类中心主义者来说，对有机体中符号资源及其扩展的复杂性的关注，是符号自由概念的核心，它使自然选择相形见绌（当然，文化研究基本上在任何情况下都忽略自然选择）。这种关注源于一个鲍德温式的前提，“符号自由度增加的趋势，以及由此产生的对更好的外在符号功能追求的压力，导致了对更多内在符号完善的压力”（Hoffmeyer 1992：111）。符号自由的重点是解释生物从低级到高级的连续性，其意义在于它对理解诸如适应性、人际关系、主体性、艺术、美好生活、价值和伦理等文化关注点具有潜在贡献，使所有那些粗暴地将人类和自然界的其他部分一分为二的人感到不安。

符号自由也是环境界的核心。然而，在更详细地说明这一点之前，值得再次提醒，不要将“自由”等同于自治、目的论或进步。确实，文化分析需要从生物符号学中接受广泛启示，这本身就构成一个例子，说明了在人类个体发生和其他领域中存在着许多被抑制的符号过程。在迪肯的语言进化范式中，指示性取代了像似性，而象征性又取代了它们两者。此外，正如霍夫迈尔（2008a：290）所证明的。

> 由环境中的对象和事件反推到心理背景，这种心理翻转必须发生，才能建构一个新的词对词的系统网络（或者说得更精确一些，一个能够加深［imprinting］意义的符号对符号的关系）。这个系统网络建立在一个词语和其他词语（一个规约符和其他规约符）之间的关系之上，而不是建立在词和现实这种更为固定和二元的关系之上，即不是那种词与现实之间单一的指示性背景关联。

在这段引文中，霍夫迈尔提到了“抑制”（repression），在第七章中将会看到的，它需要从“约束”（constraints）的角度进行讨论。当然，这种现象在物种层面上似乎是一种进化更替，但同时也会丢失某种东西。

通过嵌套（nesting）、嵌入（embedding）和有时受限制的定位方式，生物符号学确认了一个关键的符号过程，即“符号支架”（semiotic scaffolding）。“支架”这一建筑术语在心理学家杰罗姆·布鲁纳（Jerome Bruner）的著作（1957，1960，1966）中被采用和发展。众多维果茨基（Lev Vygotsky）的解读者，比如戴维·伍德（David Wood）（Wood et al. 1976），在讨论维果茨基关于小孩在学习过程中如何依赖已掌握的技能时，也采用了“支架”概念并对其发展。在生物符号学中，霍夫迈尔进一步发展了这一概念，将其拓展到涵盖连接有机体与其环境界的符号互动网络，认为“支架”促进了有机体的感知和行动过程。“个体细胞、生物体、种群或生态单位通过符号互动网络来控制它们的活动，因此，符号过程网络可以被视为‘支架’装置，这些装置可以确保有机体的活动适应该有机体的需求”（Hoffmeyer 2007：154）。生物符号学对“支架”的使用体现在以下几个方面。一个是遗传同化，即有机体在生命周期中出现的某些结构可能会随着世代的推移而被以遗传的方式符码化，因为这些结构赋予生物体选择优势。在这里，“支架”的比喻被延伸了一点，或者说被创造性地使用了，即当建筑完工时，“支架”不会被拆除，反而会随着时间的推移变成建筑本身的一部分。使用“支架”概念的另一个层面与过程的节点、划分和细节有关，为了让这些过程的不同部分或方面可以得到更高程度的细节控制，次一级的过程越只是部分地自主就越可控，整个过程就越可能安全且成功地完成。同时，当部件以不同的方式组合，其自主性或许可以带来更高程度的灵活性。“支架”这一比喻即使不能说全部体现，也至少凸显了与单个有机体有关的外部、物质方面，即许多生物体并不是简单地存在于一个原本不变的、中性的环境中，而是在某种程度上塑造和改变着它们的环境界，使环境界更容易允许有机体活动。最后，根据霍夫迈尔的论点，这种“支架”过程始终包含着符号层面，“支架”的半自主部分拼合在一起具有意义承载耦合的特征，因为它们支持基本的感知－行为循环，并使其呈现出更复杂的样式。

因此，“支架”概念在生物符号学世界观中起着重要作用。许多关于认知的研究（例如 Donald 1991；Tomasello et al. 2005 等）都指向这么一个事实，在相对较近的类人类（humanoid）历史中，人类奇特的又不断增长的能力是通过主体间性以及文化、语言和大脑的共同进化而产生的。大脑不应被视为一种支配运动行为和文化互动的计算机制。文化和文明也不再被视为仅仅是给已经进化成熟的人类锦上添花。相反，至少从原始人类语言的早期发展开始，文化和文明就已经反哺进化过程。因此，那些更能学习、教授和进一步发展语言和文化的人在演化生存过程中更受青睐。这也是“鲍德温进化论”的观点，即生物符号学在复兴过程中起到重要作用（Weber & Depew 2003）。在这种情况下，诸如大型人类新皮质、大脑的语言回路、能够抓住物体的手等，这些很可能是与人类文化、交流和工具使用共同进化的。它们之间的相互作用证明了：在代代繁衍生息过程中，“支架”已经成为构筑过程本身的一部分。

皮尔斯作为实用主义和符号学之父，强调符号的外化与可能的实用行为密切相关。因此，对皮尔斯来说，外在化的符号不仅仅起支持性的作用，它们同时承担着大脑无法单独完成的任务。

> 同样，心理学家试图在大脑中定位各种心理能力，并认为语言能力存在于某一脑叶中；但我相信更接近事实（尽管并非如此）的是，语言存在于舌头中。在我看来，一个在世作家的思想与其说存在于他的大脑中，不如说存在于他的所有印刷本的书中（7.364）。

换言之，作者的大脑对于写书来说自然是不可或缺的，但书的内容从未作为一个整体出现在作者的脑海中，反而是漫长而烦琐的写作过程构成了一种技巧，其中包含了思想和推理，这些思想和推理的总和远远超过了作者此时此地能意识到的写作能力。这里的书起到了减轻记忆负担的作用，其中的记忆内容要比参与其构建的大脑多得多、准确得多。此外，在书的一个章节中，作者将论证结构外化成文字后，可以自由地将这些外化的内容作为下一章的新起点和框架，即有效地将该书构建为一条长而连贯的论证弧，而这条弧之前从未完整地呈现在作者的脑海中。符号以这种方式成为人类在思考和行动中不可缺少的“支架”，这一点在皮尔斯的图解推理（diagrammatical reasoning）原则中尤为突出，即以外化的，或想象中的，或两者结合的方式，来使用图解的操作和实验，这种原则被认为对思维和认知具有核心作用（见 Stjernfelt 2007）。

当然，这一过程并不局限于书籍（虽然写作技术对于代际文化传承和积累似乎特别重要）。事实上，继英尼斯（Innis）和麦克卢汉（McLuhan）之后，多伦多学派一直致力于探究人类在精神和身体所栖居的技术方面，是如何搭建“支架”或者拓展“支架”的。机构、艺术、手工艺、基础设施和科技构成外部化显现出来的“支架”，在某些方向上塑造人类行为。人类对这些“支架”及其所发挥的作用重新解读，并在不同“支架”之间进行的文化选择，使它们能够在一代又一代的进程中得到进一步发展。

“支架”这一概念强烈地指向协同进化，使一些二元论不攻自破，其中就包括有机体/环境，以及对人类而言的语言/大脑和文化/生物。事实上，本章已经见证了生物符号学如何反复表明某些二元对立的构成是站不住脚的，而某些对文化的理解正是建立在这些二元对立之上的。言语/非言语的二元论在初级模塑系统中无法立足，非人类/人类二元结构在“支架”理论（人类没有与其文化制品分离）和一般连续论（人类没有与其他符号集合分离）中土崩瓦解。同样，个人/集体的二元性也被连续论彻底打破。在一种相关的方式中，行动主体（agent）/主体（subject）的二元划分也失去了它的优势，因为行动主体性（agency）被证明是在整个自然中存在的，而主体性（subjectivity）或自我性（selfhood）则源自细胞层面上的反映。内符号学宣告了笛卡尔身/心二元对立的中止，生物符号学取消了生命自然/文化之间模棱两可的分界。当然，尽管迪肯（2012a）的研究代表了一个重大的里程碑——每当提及规约指涉中内嵌的指示性，以及符号的“约束”时，迪肯的思想和论述都会被提及——但是物质/心灵这一最宏大的二元对立依旧是个未竟的研究项目。生物符号学似乎没有触及的唯一一对二元实体是“符码 - 二元性”（code-duality），但这并不算严格意义上的二元对立，而是通过翻译而形成的一对耦合。

就像多年来发生的各种先天/后天的论争一样，内在/外在的对立统一也一直困扰着从事主体性研究的理论家们。与这些争论相伴随的两个重要问题，是这些行为主体达成平衡的方法与行动可能发挥主要作用的程度，它们在不同时间被分别表述为“自由意志”、“个体主义”或“命运”（destiny）“宿命”（fate）等。在整个生物符号学中，这样的二分法被忽略了，“自然/文化”相当于一个毫无意义的迂回，因为对于西比奥克和那些追随他的人来说，这一二元对立的文化部分，不过是“自然中微不足道的，被一些人类学家堂而皇之地划分为文化的一部分”（1986a：60）。他对“符号自我”的评论再次表明，自我和符号过程历来就密切相关、不可分割，这确保了被称为“文化”的符号产品不过是自然的另一部分。当然，在这种情况下，对这种连续性的重申不应该被轻描淡写。阿尔都塞（1969：247）指出，资产阶级人本主义使“人”成为所有理论的原则，因此，文化中的人的产物必须不同寻常。像生物符号学一样否定这种例外主义，等于是真正的反人本主义，就像生物符号学反取消主义一样。阿尔都塞及其继任者的反人本主义理论致力于重新定位哲学和政治中的人本主义潮流，这样，“人”就不再被认为具有对自身性质进行知觉的统一意识，也不能在道德和智力上独立于所有的决定因素。人不再因为这种独立而被吹捧，便不再被奉为对宇宙进行思考的中心。西比奥克的生物符号学更是真正的反人本主义思想，它并不认为人类是由资本主义生产模式所决定的，虽然这很可能是一个事实，但更重要的一点是要认识到，人类与所有有机体一样，是某些主体功能的集合，存在于一组统称为“自然”的决定因素中（见 Cannizzaro & Cobley 2015）。生物符号学中的反人本主义将人类置于符号学和环境界中进行思考。

从当代符号学来看，人类并不先于符号过程而存在，当他们以某种方式被“插入”到符号过程中时也会挣扎。人类也不是符号过程的有意识的创造者，不可以控制符号过程，行使各种权力。在一个环境界中，人类从一开始就栖居在符号中，利用感觉器官传播交流这些符号。人类无法“走出”符号过程并控制它，与其他生物一样，他们就是符号过程。这与阿尔都塞作品中的另一个反人本主义观点相一致。阿尔都塞将意识形态定位为构成具体现实的体验（lived）关系。在阿尔都塞（1969：233）看来，意识形态存在于想象和体验的复杂相互作用中。

> ［意识形态］涉及人类同人类世界的“体验”关系。这种关系只是在无意识的条件下才以“意识”的形式出现；同样，它只是在作为复杂关系的条件下才成为简单关系。当然，复杂关系不是简单关系，而是关系的关系，即第二层的关系。因为意识形态所反映的不是人类同自己生存条件的关系，而是他们体验这种关系的方式；这就等于说，既存在真实的关系，又存在“体验的”和“想象的”关系。在这种情况下，意识形态是人类依附于人类世界的表现，就是说，是人类对人类真实生存条件的真实关系和想象关系的多元决定的统一。在意识形态中，真实关系不可避免地被包括到想象关系中去，这种关系更多地表现为一种意志（保守的、顺从的、改良的或革命的），甚至是一种希望或一种留恋，而不是对现实的描绘。①

这段表述表明阿尔都塞的意识形态概念与生物符号学的观点相一致，即符号始终是一种关系，而且是一种在依赖于心灵的现实和独立于心灵的

① 此段译文引自原文对应的中文译著，即〔法〕路易·阿尔都塞：《保卫马克思》，顾良译，商务印书馆，2011 年，第 367 ~ 368 页。译者略有改动。——译者注

现实之间游动的关系。显然，阿尔都塞对意识形态既是“体验”又是一种“关系”的见解，比意识形态的表征范式（representational paradigm）更具有开创性，因为意识形态包含了被锁定在“想象的”关系中的主体。然而，生物符号学的方法论更具连贯性，这是因为它关注意识形态的工具，以及它的影响效果，这一关注的依据是意识形态被普遍认为是由人类符号过程所构成的。因此，生物符号学终于看清，人类环境界本身的存在就包含了不断的变动，这种变动发生在依赖心灵的现实和独立于心灵的现实之间，其在权力关系引发“想象的”场域之前就已经发生了。这并不是要淡化权力关系，而是想要表明它们在“客观现实”中有更广泛的基础。迪利（Deely 2009a：243－244）展示了对象如何被定义为“体验对象”，它们需要一个主体，客观世界是一个依赖于体验的世界（而不是通俗说法假设的“外在于”体验的已存的世界）。

> 毫无疑问，在现实的社会建构中，最重要的一点发生在政治秩序中，即让符号动物们坐在一起试图决定如何管理自己，如何在社会行为和安排中决定什么是允许的，什么是禁止的。例如一个国家的宪法文件详细说明了对某一特定人类社群的安排，这就是纯粹客观现实的一个典型例子，这种现实仍然需要在生活着和互动着的个体的主观秩序中实现。正如我们所经历的现实，它既不是纯粹客观的，也不是纯粹主观的，更不是纯粹的主体间性的，而是三者按不断变化的比例进行的混合——要追踪这三者的混合一点也不容易，甚至不完全可能。

此外，在生物符号学中，“真实”（real）这一指涉（指涉“对象”之外的“事物”）是嵌套在人类符号（symbols）中的一个指示符号，而不是像阿尔都塞所说的那样包含真实事物的虚构事物。而且，人类符号过程嵌套在一般的符号过程中，后者还包括动物符号过程和植物符号过程，这意味着生物符号学将一个自然主体置于更加广泛的符号决定因素中，这些决定因素比人类文明所提出的决定因素更广泛。

这也意味着生物符号学中的他者比其他主体性理论中的他者概念意义更为深远。我们习惯上认为，他者是某个其他人，或者是某件其他事，它通常是另一种性别、另一种性取向、另一个种族、另一个民族、另一种文化。在后人本主义观点中，他者通常是一个非人类动物、一台机器或一个由半机器人等假体增强的有机实体。他者总是会被考虑在内，以表现一种“不确定性”，这种“不确定性”在试图确定人的本质和主体性时会出现。正如我们所看到的，生物符号学不会出现这种过于敏感的含糊表述，它致力于揭示什么是人类，什么是自然主体。此外，它在这样做的过程中处于更有利的地位——不是将“不确定性”作为旅程的终点，而是将其作为内意向性的起点。正如迪肯（2012a：534－535）的如下声明。

> 我相信，人的主体性已经被证明了并不是科学的终极“难题”。或者更确切地说，它变得很困难是由于一些意想不到的原因。它难并不是因为我们缺乏足够复杂的研究工具，也不是因为这个过程中细节太多，彼此错综复杂地纠缠在一起，以至于我们的分析工具无法应付，更不是因为我们的大脑由于进化的原因不足以完成这个任务，甚至不是因为这个问题用科学方法无法解决。人的主体性很难，是因为它违反直觉，是因为我们固执地坚持在世界上不可能的地方寻找它。

迪肯认为主体性是从大脑的远动过程（teleodynamic processes）中产生的。大脑中有神经元和能量基质，但它们的约束本质意味着有些过程是它们无法实现的。因此，“我们是我们所不是的，我们在本质上就具有连续的、内在的、必然的不完备性”（Deacon 2012a：535）。面对这样的不完备性，任何其他的、在过程之外的或“不在那儿”的东西，在产生自我意识时都会凸显出来。

自我在内意向性上遇见的他者，和在环境界中所遇见的一切一样自然。正如迪利（1994：15）如下的观点。

> 从物理意义上对立的他者的角度来看，他性（otherness）是另一种主体性。这不是从主题上如此说，而是在实际的接触中，他性以一个体验要素出现，且这个要素不可还原为它的体验。更准确地说，在这个层次上，他性是作为一个整体的体验中的一个要素，它表明体验作为一个整体不可还原为事物的存在，事物的存在也不可还原为我们对其的体验。

虽然主体的体验可能非常丰富，但这种体验不是一种对事物的体验，而主要是通过与客体互动从而生活着的一种体验。毫无疑问，在原始人类存在的很长一段历史中，这些客体总是以维持特定类型的权力关系的方式组织起来的。然而，这不是客观体验的唯一结果，也不是必然结果，因为对于自然世界中的自我/主体来说，生物符号学所发现的他者比一个物种（比如具有高度专业性行为的物种）中的另一个成员要重要得多。正如西比奥克的研究以及符号支架理论所表明的那样，他者就是一切及主体自身。

第五章

伦理的非自愿性

生物符号学认为伦理源于人类环境界的三个特征。第一个特征存在于语言的移位（displacement）[①] 能力中，即语言可以表达在空间或时间上遥远的、从未发生过的（虚构）事物，以及基于对当下的评估来预测未来和理想的情景。后一种移位能力就是伦理，它可能与其他预期能力以及这里所提到的移位投射密切相关。第二个特征是存在于环境界中与体验相关的所有方面，包括愉悦、痛苦、悲伤、快乐、幸福等。第三个是在人类环境界中积累的关于他者的特殊体验，这个在上一章中已经讨论过。虽然生物符号学研究有时会顺带提及这些特征（Deely 2016 和 Weber 2016 是例外，值得尊敬），但是也会在某种程度上避开伦理本体论的问题，直接讨论在生物符号学框架下可能触及的伦理和道德问题，例如赋予生物圈中的不同栖息物种以价值（Tønnessen 2003；Beever 2012；Beever & Tønnessen 2016）。

本章更多的是关注生物符号学如何阐明任一伦理存在之可能。基于理性的、统一的意识而做出合理的道德判断，这并不能产生伦理。伦理是人类环境界之条件的产物，它也使得人类在种类和程度上区别于其他动物，

① “displacement”在语言学和心理学领域，根据其不同含义各有不同的中文翻译。在语言学领域，如胡壮麟的《语言学教程》（修订版中译本，2002 年，北京大学出版社）、杨信彰主编的《语言学概论》（2005 年，高等教育出版社），都将其翻译为“移位性”，而在弗洛伊德相关的理论著述中，大多翻译为“置换”（本书后面也会在弗洛伊德心理学语境下讨论该术语），译者根据所讨论的不同语境，分别采用这两种翻译。——译者注

使得人类成为自然主体（前几章讨论过）。在生物符号学语境下，伦理必须与生物圈的其他部分同根同源，这和道德是人类创造的产物这一想法形成鲜明对照。从生物符号学的角度阐释伦理，有充分的理由对这一想法提出异议。伦理的概念是自17世纪早期开始发展的，作为一种道德体系，它包含了一个基本的矛盾：它既意味着行动的程序，也意味着制定、执行、再制定该程序的意志或行动主体性。意志的伦理源于希腊语中的精神（*ethos*），关注性格和个人问题。在20世纪后期，后结构主义对伦理概念提出了恰当的怀疑，并且试图重新规划伦理程序，呼吁一种对他者“开放”的新伦理特征。在此处，开放性这一观念本身就意味着一种用于实现对话的主动行动计划或意愿，它与个体主义、理性主义、笛卡尔主义，以及其他非“主义”（isms）的东西为伍，可能面临着局部的失败或全面失败。

伦理感与意志概念相关联，并作为一种现象出现在话语里，在当代西方社会形态中随处可见，并毫不意外地与后结构主义时期相关。伦理规范一再被框定为话语性的（discursive），经常以成文法则（written code）的形式出现在制度领域，而伦理可以被挑战、被调整，其基础同样是话语性的。事实上，与伦理（缺乏）效力相关的许多问题，尤其是在多元文化主义和宽容他者的时代，都源于这样一种信念，即假定伦理具有话语的本质。人类生活的许多决定因素都是“话语建构”的——这一观点在过去30年中，尤其是在理解主体性方面，始终具有强大影响力。例如，卡尔文·O. 施拉格（Calvin O. Chrag 2003）对“传播实践”（communicative praxis）的假设，就构成了关于传播与行动具有连续性的重要逻辑论证，显示了诸如意志的和程序化的伦理如何必然地通过话语进行。

“话语想象”还有其他的思想来源，这些来源包括在社会思想、结构主义、后结构主义和其他语言中心观念中的“语言转向”（见第二章），它们让我们更加相信话语变迁决定人类事务及其变化。对此，我们可能很容易想到《约翰福音》开篇所说的“太初有道（the Word）……”，在生物符号学中，或许改为“太初有符号过程（semiosis）”更为贴切。然而，无论是“太初有道”，还是“太初有符号过程”，二者在反对左翼政治中的托洛茨基主义（Trotskyite）立场时产生了共鸣，这一立场与伦理问题密切相关。托洛茨基在其1923年的著作《文学与革命》（*Literature and Revolu-*

tion）中严厉批评了俄国形式主义（引申为一般意义上的“形式主义”）“纯粹艺术”的主张，与之对立的是唯物辩证法所表明的人类符号过程中彻底的功利主义观。以下是他的论述（1992：41）。

> 形式主义学派代表着一种在艺术问题上失败的理想主义。形式主义者表现出一种迅速成熟的宗教性。他们是圣·约翰的追随者，相信“太初有道”，但我们相信“太初有行（deed）”。语词的含义就像它的音影（phonetic shadow）一样紧随其后。

托洛茨基不遗余力地指出，艺术传播只能通过阶级利益来进行。他预测，在此过程中，虽然奴隶主阶级的艺术统治了数千年，而资产阶级的艺术接管不过数百年（1992：44），但无产阶级艺术将在几十年内实现。然而，无产阶级知识分子先锋对实现无产阶级艺术至关重要，托洛茨基认为，他们很可能会采取“行动”（deeds），发起巩固无产阶级十月革命胜利的唯意志主义运动。在这里“行动”看起来好像没有符号成分，并且处于符号行为之外一样。

甚至在列宁之前，唯意志主义和先锋主义就已经是马克思主义面对的棘手问题（参见 Gouldner 1980）。事实上，它们也渗透在马克思主义以外的政治辩论中。在列宁主义模式下，先锋派是即将到来的革命的必然产物。它不仅带来了革命理论，而且，尤其是后来的托洛茨基，以一种唯意志论的方式推动了理论的实践。一方面，人们认为先锋主义是从无产阶级中产生的，然而，在马克思主义国家的历史上，它却一直与试图强行创造革命条件的威权主义联系在一起。与哲学上的唯意志主义一样，政治上的唯意志主义通过意志行为而显现，并因此与先锋主义的冲动相辅相成。极端唯意志主义有时被认为可能“腐蚀”真正政治斗争的有机基础。如果需要说明的话，唯意志主义涉及行动主体性，但它体现的是笛卡尔式的理性自由意志，而生物符号学已经摒弃了这种解释原则。

之所以在这里提到先锋主义和唯意志主义，是因为任何政治动机，包括基于伦理的政治动机，总会在一定程度上唤起“意志”。在后马克思主义环境中，这种唯意志主义的程度将取决于所依据的理论基础。这显然是生物符号学启发下的关于伦理原则的理论——“符号伦理学”（semioethics）——

所面临的困境。符号伦理学源自符号学家迪利等人（Deely et al 2005）的提议，在这一学科的各个方面，他们或共同、或单独地继承了西比奥克的思想。他们研究的出发点是，人类是唯一的“符号动物”（见上文第三章），虽然所有的有机体都与符号过程相关，但只有人类才能有意识地使用符号。符号伦理学的核心在于，人类的自我意识对符号环境中的所有他者构成了绝对的强制力，也构成了人类对所有生物的一种关怀义务，而不仅仅是对人类自己。此中缘由在佩特丽莉和庞齐奥（Petrilli & Ponzio 1998）早期关于对话的研究中有所揭示。他们发现，自由主义的对话概念体现出这样一种倾向，即决定承认他者的不同，并“准予”其受到尊重。其特点在于，人类努力在自己与他者的立场之间进行调解，关注他者与自身立场之间的关系，这通常涉及两个实体，且两者通过妥协、共识和功能协议走到一起。这种观念体现了无可争议的人类行动主体性，是彻底的人类中心主义，与西比奥克所描述的即使在细胞这样的低级领域中也会不可避免地遇到他者（见上文第四章）相对立。事实上，佩特丽莉和庞齐奥坚持要超越相互让步、协商、妥协的自由主义思想，他们通过承认对话中存在强迫和索取，而非自我认定的善念（good will），来反对这种行动主体性程序。这种对对话的理解，当然也可以在巴赫金（Mikhail Bakhtin）那里找到，正如佩特丽莉和庞齐奥简明扼要地说过以下观点。

> 对巴赫金来说，对话不是我们决定主动采取的结果，而是被强加的、须服从的东西。对话不是向他者开放的结果，而是根本不可能对他者封闭的结果（1998：28）。

庞齐奥（2006a：11）证明了严格的对话概念不应该是自我辩护的，不应该如其他一些身份认同理论（theories of identity）的假设那样，有意无意地仅为肯定自身服务。

同时，迪利（2005a：11，26）论证了人类作为“符号动物”的思想并非新提出来的，早在1897年，它已出现在德国数学家费利克斯·豪斯多夫（Felix Hausdorff）的著作中（署名为Paul Mongré；参见Mongré 1897：7），如今这一思想已经发展成熟。迪利认为，“符号动物”及其内涵取代了人类作为思维者（rescogitans）的这一现代概念，因此，与其说人类是笛卡尔所言的能思之存在（thinking being），不如说人之为人在于“能意识到符号高于构成个体的任何一种特定物质（包括符号载体的物质结构），符号能够更有效地将个人与他的环境区别开来。”（2005：73）迪利又做了如下补充（2005：75）。

> 将人类定义为唯一的符号动物，也就是说，只有人能够意识到符号的存在（不同于实践识别和使用）。在动物不可避免的现实性中，在各种体验的积累中，以及在人类的知识发展过程中，人能够相应地发展出一种符号意识，即意识到符号所起的根本作用。在文化中，符号无处不在。我们在一条符号之路上不断自我定位，这条路通向“自然界的任何地方，包括人类从未涉足过的领域”。

与前几章所讨论的内容相一致，这一提法有三个要点。

> 在与其他动物的亲缘关系中，人类需要被视为与所有生命形式（包括那些人类可能尚未遇到过的）一样的符号使用者。
>
> 对人类的此种构想，并不是由“现代性”范式中的思想力量定义的，而是由它在整个符号过程（包括内符号过程）网络中的存在定义的。
>
> 重要的是，人类具有与地球上其他生命形式不共享的属性，即那些使得人类与众不同的属性正是对符号的存在和使用的意识。

对迪利来说，符号动物的概念标志着人类“不仅能够客观上区分事物，更能够以它们之为它们自身来进一步探索”（2005：58）。这是重新使用皮尔斯符号学中独立于心灵的存在（ens reale）这一概念的关键（另见Deely 2003）。然而，人类的符号意识也使得人类有如下特点。

> 人类能够从元符号的角度为人类生活的福祉做出必要的调节（adjustments）。这种调节依赖于这样的符号过程：各种符号过程在符号域（semiosphere）中将人这种动物与其他生命形式的符号过程相联系，整个生物圈和自然环境（nem）经由符号过程构成一个统一的系统。

上述引用中的“调节”这一概念，让我们明显看出符号伦理学的根源，以及看似不可避免的唯意志论，即符号所体现的人类意志行为。

尽管这种理性意志论有明显的不足，但符号伦理学还可以通过参考西比奥克整体符号学（global semiotics）的脉络，特别是西比奥克对迪利“单一系统”的认可，来保持其内在的启发性。在《符号过程的进化》（*The Evolution of Semiosis*）一书中，西比奥克引用了洛夫洛克（Lovelock）的“盖亚命题”（Gaia thesis）。

> 所有的生命体——范围从最小到最大，包括那些存在千万年的物种——都是一个被称为盖亚的共生生态体的组成部分。那么，照此思路，如果一个被调制的生物圈（modulated biosphere）的观点流行，那将意味着所有的信源和信宿都可被认为是巨大的符号网络的参与者……（Sebeok 2001a：29－30）

从这个角度来看，所谓的“关怀自身”，实际上只能从“关怀他者”出发，而他者必须是指整个符号域。正是在这个意义上，佩特丽莉和庞齐奥的符号伦理学所划定的是对“人类不能与之分离的、整个行星生态系统中的所有生命”的无限“责任”，而不仅仅是有限的“责任”（2005：534）。此外，符号伦理学的核心是对他性（otherness）的理论化。对佩特丽莉和庞齐奥（2005：39－40）来说，列维纳斯（Levinas）、巴赫金，尤其是皮尔斯，都揭示了这一点。

> 他性是符号所固有的，同时也是符号能够超越自身能力的前提。符号（或者更确切地说，符号在符号过程宏观网络或者符号域关系中的意指路径［signifying routes］）是在确定与不确定之间的张力中产生的。在符号由特定形态向它另一形态的不断位移、变换和延异的同时，这个“他者”既是迫近的，又是外在于符号的，超越任何特定的符号过程。他者——这一盈余或过剩的存在（this surplus or excess）——防止符号整体封闭自身，从而赋予其开放性及创生新一代的潜力。符号整体的开放性或去整体性都是质疑、批评和评估“心灵”符号过程运作好坏的先决条件。

因此，他性完全根植于符号之中，这意味着，人类的意志至少是调节性的——被迫与环境妥协的行动主体性（agency）。然而，佩特丽莉和庞齐奥（2005：549）坚持认为“在最终的分析中，整个星球的命运潜藏在人类的选择和行为中”。此外，与符号层面的责任基础不一致的是，他们冒着进一步陷入唯意志主义的风险，表明“符号伦理学可以被视为提出了一种新的人本主义形式”（2005：545）。尽管佩特丽莉和庞齐奥指出他们的符号伦理学包含了一个典型的列维纳斯式的“他者人本主义”（humanism of alterity）（2005：546），可以和资产阶级个体主义相关的自由人本主义形成对照，但我们仍需要参照二人论述中更强的反人本主义内容，来归纳出他们的生物符号伦理学在文化上的意涵。换句话说，对他者的“承诺”将被来自他者的“强迫”（compulsion）所取代，以更好地理解生物符号学所暗示的对伦理的重塑。

“承诺”和“强迫”两种形式都可能被称为“动机”。“强迫”包括规范程序或管制力量的强制执行，但在这里，它表示的是“他者”的召唤。人类符号过程构成了社会符号学的研究领域，人类符号过程多样化分析的特征是：试图理解构成符号的各种关系内的“动机”——这一点在其他地方已有论述（Cobley & Randviir 2009）。克雷斯（Kress 1993）的一篇重要文章描述了社会符号学如何努力解开符号使用者、环境、历史和用来制作符号的材料之间的关系。这些关系掩藏方式不一，需要被解释，且恰恰是在“动机”无法以其原始状态展现给观察者时浮现出来的。如果是这样的话，我们就很容易推论出，就符号而言，人本主义的首要任务是将动机重新定位为一个完全的意志事件，但这又误解了创造符号的行动主体性的本质和局限。“对话”这一自由概念认为，与他者的接触和“交流”是一个选择、一种倾向或其他个人行为的结果。这正说明这一概念的不足，佩特丽莉和庞齐奥的研究（无论是各自的还是二者合作的）也帮助证明了这一点。对许多人来说，“对话”保留了先锋色彩，通俗地讲，一个人借“对话”的方式接触另一个人，或者借用社会符号学术语来讲，“对话”中的符号与其使用者之间的“动机”关系被认为受制于意志行为。例如，施拉格（2003）认为“对话”是话语中主体间达成的共识，这种对话观是典型的自由主义观念。

到目前为止，在这本书中，生物符号学被认为是由“反人本主义”概念驱动的。如上一章所述，虽然生物符号学超越了二战后马克思主义中反人本主义的某些传统，但后者在本章所讨论的关系中仍有所显现。例如，阿尔都塞在描述“马克思的科学发现”（1969：227）时指出，人本主义的残余始终需要谨慎对待。

> 因此，就严格理论的意义而言，人们可以也应该公开地提出关于马克思的理论反人本主义的问题；而且人们可以也应该在其中找到认识人类世界（积极的）及其实践变革的绝对可能性条件（消极的）。必须在把人的哲学神话打得粉碎的绝对条件下，才能对人类世界有所认识。援引马克思的话来复辟理论人类学或人本主义的理论，任何这种企图在理论上终将是徒劳的，它在实践中只能建立起马克思以前的意识形态大厦，而阻碍真实历史的发展，并可能把历史引向绝路。(1969：229)[①]

阿尔都塞认为，人本主义作为一种思想和意识形态确有其用途(1969：231)，但他也直言不讳地指出，在符号伦理学的理论建构中，需要彻底的反人本主义。

也可以认为，阿尔都塞主义者对反人本主义的呼吁与西比奥克在作品中对人本主义的回避相一致，后者反映在当前的符号伦理学中。西比奥克将其符号学思想经由皮尔斯追溯至洛克（Locke），最后到希波克拉底(Hippocrates)，他丝毫没有被孔迪拉克（Condillac）和其他启蒙思想家的人本主义诉求所打动。事实上，西比奥克关注庞大的内符号过程及总体符号过程网络，避开了许多人本主义的谬误。理论上讲，人类之间的交流量微不足道。西比奥克（2001a：14 – 15）呼吁关注人体中“惊人的”符号互动量，这一呼吁使得人体内的传播被纳入研究视野。此外，在人体中发现的传播方式仅仅是地球上最早、最持久的生物——细菌——所进行的交流方式的延伸。毫无疑问，人类之间的传播，尤其是“传播 – 生产”形

---

① 此段译文引自原文对应的中文译著，有个别修改，即〔法〕路易·阿尔都塞：《保卫马克思》，顾良译，北京：商务印书馆，2011 年，第 362 页。——译者注。

态——这一全球传播的盈利形式（Petrilli & Ponzio 2005）已经占据了重要的位置，并有可能给地球带来灾难。然而，就理论而言，有必要坚持佩特丽莉和庞齐奥试图呈现的更大的符号学图景，保持伦理符号学为生物符号学所提供的反人本主义视角。

当然，在理论上坚持反人本主义并不容易，阿尔都塞的后继者进行过各种尝试却结果各有不同。最近一次著名的尝试是阿兰·巴迪欧（Alain Badiou）的研究项目，他的研究项目不仅给生物符号学以启发，而且还以各种行为例证为生物符号学展开更广泛的视角提供助益。他的《伦理学》（*Ethics*）（2001）一书总结了他的立场，即虽然支持人类行为和行动主体性，但拒绝人本主义和唯意志主义。这种拒绝根据如何定位新情况而来，所谓的新情况，即巴迪欧所称的“事件”（the event）以及事件所要求的忠诚（fidelity）——当被这些事件强烈触动（seized by）时，一些人可能会做到忠诚。鲍德温（Baldwin 2004：1）给出了可能是最简洁的总结。

> 新事物出现苗头并逐渐显现，干扰了常态，即事件发生了。那些正确地调查事件后果，并对这种干扰保持忠诚的人，将服从并总结出这一事件所蕴含的真理。这一真理改变现有知识，并被普遍化，让每个人都能理解。

巴迪欧在各种人类符号学领域中发现“事件”：在明确的政治发展中、在恋爱关系中、在文化实践中。同样，忠诚将分别涉及：对政治理念的持续承诺；对一段浪漫关系的承诺（恋爱中的那个人可能被他/她所有的朋友说成失去理智了）；对艺术愿景和实践始终如一的信念（巴迪欧以海顿［Haydn］作为革命性创新者举例——参见 Cobley 2004）。

“事件”概念仍有待扩充，巴迪欧的研究依旧在尝试找出其他政治圈子中可能被认为是唯意志主义的东西。“忠诚”——对一个“事件”的“忠诚”——因为它能反过来影响一个情境，这暗中颠倒了意志关系，并取意志而代之。符号学家应该很熟悉这种颠倒或者对立，尤其是西比奥克，他在许多场合讨论过类似的倒转。在一篇经典的怀疑论文章《在目的地中寻找本应该在源头中寻找的东西》（“Looking in the destination for what should have been sought in the source”，1979c）中，西比奥克列出了一些科学家应该“时刻警惕欺骗，尤其是自我欺骗”的方式（1979c：95）。关于这一点，贯穿西比奥克研究的案例便是聪明的汉斯（Clever Hans），这匹20世纪早期的“聪明的”马“欺骗”了观察者。从西比奥克和罗森塔尔（Rosenthal）（1981）合编的关于聪明的汉斯的研究文集中，我们得到的最重要的教训或许是，欺骗并非是在不知情的情况下发生的，而往往是受骗者与骗者串通好的“故意行为”。无论信不信所看到的情况，他们往往在一开始就乐意（willing）被骗，比如舞台魔术师大部分魔术的成功与否，便取决于参与者是否愿意被欺骗。

西比奥克对于知情/有意的欺骗的观察，与巴迪欧倒转意志与情境关系的尝试形成有趣的互补。换句话说，源头对在终点观测到的结果负责，尽管后者通常是关注的焦点。同样地，事件创造了忠诚，尽管在那些感兴趣的人眼里，后者看起来更像是一种自愿行为。因此，意愿（will）必须被揭露，它必须在欺骗发生之处被揭露。即使是在巴迪欧关于存在问题的伦理学中，我们也能明显地看出事件与忠诚之间会发生欺骗。巴迪欧举了海德格尔的例子，在巴迪欧（2001：73）那里，海德格尔是一个知识分子，他误以为纳粹主义是一场革命，因此他沦为了一种幻影的牺牲品。同样，那些刚刚失去家庭的人通常最容易受到“灵媒”或“唯灵主义者”的影响，就像阿瑟·柯南·道尔爵士（Sir Arthur Conan Doyle）那样（参见Stashower 2000）。这些人并非愿意参与其中，而是意愿阻碍了他们看到源头的能力，更不用说让他们全面观察源头了。

因此，在政治方案中存在这样的意愿也就不足为奇了，尽管它并不总是以如此明显的怀疑措辞表达出来。任何一项政治方案，如果认为其目标可以通过意志立即实现，都表现出乌托邦主义、唯意志主义，悲哀的是，后者常常事与愿违。正因此，通过有意愿的政治项目来追求道德是如此困难。恩格斯［Engels 1946（1886）］认识到这一点，他在社会政治话语中做出如下表述，我们也可以将其作为一种生物符号学话语下的观点。

> 人们所预期的东西很少如愿以偿，许多预期的目的在大多数场合都互相干扰，彼此冲突，这些目的或者是本身一开始就实现不了的，或者是缺乏实现的手段的。这样，无数个单个愿望和单个行动的冲

> 突，在历史领域内造成了一种同没有意识的自然界中占统治地位的状况完全相似的状况。①

对恩格斯来说，意料之中的是，正是历史的变幻莫测奠定了政治行动或伦理的基础。生物符号学视域下的伦理概念是建立在与恩格斯相呼应的反人本主义原则基础上的，但是前者是在生命或生活的自然层面上进行的。

在符号伦理学中，法律领域和生活领域之间的区别似乎相当重要。佩特丽莉和庞齐奥在讨论"人类生活的各个方面是如何被纳入传播－生产网络"（2005：478）时，已经暗示了这一区别。在这一点上，他们提供了一个类似于阿甘本（Agamben 2005）的分析，后者认为现代政治局势产生于一个深刻的矛盾。至少从巴黎公社的围困状态（传统法律被搁置）开始，现代国家就一直是建立在生命与法律之间的不确定地带上。这一地带大都隐而不显，导致难以对公法/政治事实与生活之间的差异做出恰当评估。对阿甘本来说，现代国家已经开始行使它的规则，就好像有永久的"例外状态"，必须暂时搁置宪法原则，实际上，这种"例外状态"构成了国家的存在。佩特丽莉和庞齐奥（2005：478）认为，不断变化着目标的全球传播也同样地改变了人类的经验，并产生了严重的影响。

> 发展、福祉和消费主义，或欠发达、贫困和无法生存；健康或疾病；正常或异常；融合或边缘化；就业或失业；将人们转移到劳动力市场（这是移民的特点）或转移而拒被接纳的移民；以及合法商品的交换、贸易或非法商品（毒品、非常规武器或人体器官）的贩运。

阿甘本进一步补充了佩特丽莉和庞齐奥对生命领域的解释，指出古希腊人并不依赖于单一术语来表达"生命"。正如他所指出的那样，对他们来说，两个术语都参与其中，政治生命（bios）表示适合个人或群体生活的形式/方式，赤裸生命（bare life，zoē）意味着所有生命（动物、人、

---

① 此译文参照该原引文中文译著，见恩格斯：《路德维希·费尔巴赫和德国古典哲学的终结》，中共中央马克思、恩格斯、列宁、斯大林著作编译局译，北京：人民出版社，1997年，第39页。——译者注

神）共同生活的简单事实（1998：1）。其中，简单生命（赤裸生命）被排除在城邦的古典世界之外。

这种区别及其后果似乎对符号伦理学至关重要。在佩特丽莉和庞齐奥的分析中，我们可以清楚地感觉到，资本主义通过传播－生产全面操纵人的政治生命，威胁到了人们的幸福感，此外，这与赤裸生命存在着明确的关系，即在生命权力的斗争中，人类器官无疑是赤裸生命的组成部分。此外，佩特丽莉和庞齐奥在他们关于需要保护地球和生态系统的点评中，间接提到了赤裸生命，并指出，国家一再试图将赤裸生命和政治生命合而为一并纳为己有。在分析国家一再将生命归为一般类别的目的时，我们有充分理由将赤裸生命/政治生命的区别放在首位。国家不可避免地要监管政治生命，这与人类群体的政治存在相关联，"生活"被希腊人寻求的"美好生活"自动忽略（Agamben 1998：7）。因此，政治生命似乎担任着维持生命的重担，因为它看起来为人类群体提供着最好的服务。然而，基于赤裸生命的政治生命才可能为人类提供最好的服务。这可能是对佩特丽莉和庞齐奥提到的"人类生活各个方面"的命运更有说服力的表述，阐明了上述迪利引论中的区别，"人类生活的福祉"恰恰依靠于动物和植物所栖息的环境域。当国家为了将生命纳为己有（devour）而将政治生命和赤裸生命合并时，符号学可能会坚持它们的区别，以此来提请注意人类中心主义困境。在生态论辩的范围内已经有做出这种区别，用以反对人类中心主义和生物中心主义的环境观，但值得注意的是，即便如此，生态论辩内所做的区别缺少生物符号学提供的宏观理解的优势（Taylor 1986；Stenmark 2002）。人类中心主义仅将人类作为地球上的主要推动者，因此，毫无意外地与"意志"（will）密切关联；而符号伦理学将人类作为符号域的共同居民之一（当然，与生物圈相连），因此必须对不受约束的意志保持怀疑。

然而，政治生命和赤裸生命之间的区别并不被生物符号学所采用。原因之一已在前一章讨论过，并与前几章的其他问题有关。人类环境界作为一个概念，已经暗示了人类作为物种和主体具有生命连续性。国家可能出于政治目的将政治生命和赤裸生命混为一谈，以维持特定类型的权力关系。然而，除了承认生物圈中非人类部分和人类部分之间的依赖关系之外，这种区别对一般的生物符号学和具体的伦理学讨论几乎没有什么解释上的帮助。最重要的是，群体的生活涉及存在于任何环境界中的自我/他者关系。在人类环境界中，人类的世界具有无限的多样性，人类主体总是倾向于在一切事物及自身中与他者相遇，而不仅仅是在特定的群体中。在最近对主体与群体或社区的伦理关系进行的自由评估中，查尔斯·泰勒（Charles Taylor）、阿拉斯代尔·麦金太尔（Alasdair MacIntyre）和其他人得出的结论是，群体生活设定了先决条件。因此，个体很可能充分地认识自身，只要她/他通过共同的价值观满足了这些先决条件。有趣的是，皮尔斯常与生物符号学为伍。众所周知，他对伦理学的态度闪烁其词，有时认为伦理学作为一门规范科学似乎没有多少可取之处（如 1. 573 ff），然而，之后又认为它是任何逻辑科学的先决条件（如 2. 198）。尽管评论家们在这个问题上倾注了大量的笔力，但很清楚的一点是，皮尔斯极其怀疑将伦理作为一种关于社会道德价值的科学假设，这与他极其蔑视统一个体（unified individuality）的观点相吻合。生物符号学也有这种怀疑和蔑视。生物符号学中的伦理因为起源于人类移位（displacement）的能力，也许是可塑的，并以多种方式表现出来，然而，归根结底，它是符号过程连续体嵌套的产物。

鉴于上述有关唯意志主义的疑虑，伦理学的影响可能极其有限，即便它带有生物符号学的一些见解。这也许是人本主义策略的一部分，在这种策略中，个人猛烈抨击晚期资本主义固有的不公正和各方面的滥用，同时又被其理论要素所阻碍，无法采取行动。它也许可以对各种不公进行有力的分析，给出启发，但却只能是纸上谈兵。如果只是为了简单地说行动正在发生，而让生物符号学扮演社会或生态倡导者的角色，意义不大。例如，一边是不公正和不平等，另一边是生态失衡和人类对生物多样性的破坏，面对这种情况，人本主义的伦理学给出的对策，显然会是对其他种族实行宽容政策，追求多元文化，以及保护环境。然而，在 20 世纪 90 年代末和 21 世纪初，这种意识形态上的要求一直是西方社会民主政府的一个不可或缺的特征。可是，这些政府也发动了战争，剥削第三世界的劳动力，并鼓励燃料生产而不是制定长远的环境保护法律，所以说对他们持怀疑态度才是明智的（Barry 2000；Kelly 2002；Alibhai-Brown 2000；Bloom 2003）。

这一点，再加上皮尔斯对道德程序（moral programmes）的质疑，应该可以说明为什么生物符号学的伦理观念与那些本意是好的，但事与愿违的政策有所不同。值得注意的是，西比奥克的学说展现出他那令人敬畏的形象，即他远非左翼事业的同行者。同时，他是如此为科学和总体原则所触动（在巴迪欧的意义上），并忠诚于它们，以至于为符号学提供了一个分析范例，用来思考和开展大量的研究，这些研究有望使基于生物符号学伦理的行动更加可能。相反，佩特丽莉和庞齐奥更同情左翼事业，并同时在符号伦理学的总体视野中也保持着忠诚。尽管左翼中时不时出现一些教条，他们至少在某种程度上对唯意志论和先锋主义提出了质疑。对许多人来说，符号学和生物符号学可能因为这种忠诚而被贬低为“非政治的”，也就等于说符号学在政治上是保守的。他们觉得符号学似乎没有什么社会政治影响，唯一的用处，不过是偶尔将巴尔特提出的“神话拆解”（见第三章）——不顾他早期的其他一些作品——拿过来用用。也许更准确地说，这些符号学批评者所谴责的是，符号学不是唯意志论的。

这里有一个与费尔巴哈论纲的第11条呼应之处。马克思曾评论说，哲学家们只是用不同的方式解释世界，而问题在于改变世界。当然，马克思并没有提出这可以直接通过个体的唯意志论在伦理模式下实现，比如善待他人或循环利用个人废弃物——人类作为一个集体，将不得不决定自己去做这些事情。马克思（或恩格斯）也从未设想过让人们能够在政治实践交往中“正确”地表达。佩特丽莉（2005：43－44）也有同样的论述。

> 符号伦理学没有提出一个有特殊目标和实践的计划，也没有既真诚又虚伪的可遵循戒律和规则。从这个角度来看，符号伦理学与成见（stereotypes）、准则（norms）和意识形态（ideology）不同（Ponzio 1992，1993，1998）。符号伦理学提出了对不同类型价值观的成见、准则和对意识形态的批判，如查尔斯·莫里斯在他的各种著作中所描述的那样（Morris 1948，1956，1964）。因此，符号伦理学以人的批判能力为前提。它的特殊使命就是证明符号网络存在于看似不存在之处，因此我们无法逃避其联系和影响，网络分离、边界和距离只是相对不在场。这样的不在场证明保障责任在有限意义上被理解，让意识

呈现为良好意识和清白良心。

所以，符号学中的符号伦理学是用理论实践来推动以生物为中心的人类责任。

符号伦理学还可能在公共领域发挥作用，但是是在其文化影响方面，而不是在其缺失的程序（absent programme）上。公共领域一词显然是挪用哈贝马斯（Habermas 1989）《公共领域的结构转型》（*The Structural Transformation of the Public Sphere*）一书中的开创性论点。在哈贝马斯看来，公共领域脱离了家庭和商业的考量，是“纯粹”意义上的政治，是一种“理性”的话语，而不是简单地由资本积累所决定或只是资本积累的附带现象。有人可能会思考，生物符号学如何在环境问题中发挥相对直接的作用，例如，霍夫迈尔（Hoffmeyer 2001）符号学视野的生物工程草案就概述了它对农业的潜在革命性影响。但一般来说，符号伦理学——或者至少是重塑伦理学的生物符号学——有望在一个对符号有敏锐意识的时代脱颖而出。要培养这种敏锐意识，最大的难题不是对符号运作的有意忽视，而是未能识别到人类符号以外的符号过程。即便许多人不能认识到自己的符号过程是叠瓦式的（imbricated）、混合的、连续的和与非人类符号过程相伴的，生物符号学对伦理的理解依旧意味着人类需要克服“邪恶的形而上学”，这是为皮尔斯所明确的，在第四章中有提到。在全球金融危机中，尤其是在过去十年的银行业丑闻之后，我们除了需要一般的道德规范，在根本上还需要将皮尔斯的思想-生活连续观树立为一种常识。也许，在21世纪之交，西方爆发的次贷潮将作为对“所有思想都是相通的”这一认识的典型否定而载入历史。与生物符号学一样，皮尔斯指明这样的否定说明了个体主义式自我的错误，即“个人的思想-生活、整个社会群体的思想-生活、所有思想的主体”都是符号，只是类型不同。

毫无疑问，试图说服人类群体放弃追求与美好生活相关的核心价值是徒劳的。唯意志主义伦理学反复落入这个陷阱，它冒着重新区分自然/文化的风险，让人类不得不以某种方式“回到”自然，被迫与赤裸生命交融，留下文化成为一些微不足道的安慰。正如我们所看到的，生物符号伦理学不是这样的。如西比奥克反复指出的那样，将自然和文化分裂开来是荒谬的，因为这样理解的文化，只是文化的一小部分。进一步说，如果文化是自然的，那么它最崇高的现象也是自然的。伦理通常被认为是一个“文化问题”，而自然当然是血腥野蛮的。然而，正如德瓦尔（de Waal 1996，2001；de Waal et al. 2006）以及其他学者所提出的，人类伦理世界中的术语可以在翻译后用来描述其他动物的伦理行为。因为这种伦理行为不仅仅是生存追求的一部分，还涉及一种特殊的行动主体性。然而，正如我们所看到的，人类伦理中类似的行动主体性经常呈现为一个独特的面貌，即话语。这种话语性必然否定那些没有语言的有机体的伦理，并限制了伦理与非话语实体的联系。整个地球的伦理要求可能倾向于将非人类现象视为人类的“资源”或将其拟人化（例如，认为动物享有等同于“人权”的资格）。再次，坚持把话语作为人类“观看”的折射透镜，是一种对从自然领域到文化领域可以翻译的否认，就好像这两个领域彼此完全没有联系一样。

尽管德瓦尔的工作仍在继续，生物符号学角度下的伦理学对文化以及文化之外的自然有更多的启发，甚至还有受它启发的实践例子。例如库尔等人（Kull et al. 2003）讨论的“林地”（wooded meadow），那是一个生物多样性得到保护而不受人类活动威胁的地方。在爱沙尼亚，与荒野（wilderness）（几乎完全没有人类耕作和管理的地方）或乡村（countryside）（自然被“人为”保护的地方）不同，其林地受管理的程度很小，但包括了当地的（即非引种）主要物种（2003：77）。从对林地的保护逾越到对林地的管理，这暴露了一个问题，即从长远来看，如何辨别来自他者的承诺和来自他者的强迫之间的界限。森林草甸倡议是在一种意愿下所提出的，而这种意愿却不同于单纯利用空间的意愿。

然而，长远来看，伦理的规范性、自愿性和最终的不可避免性会带来伦理的困境。在思考这些困境时，我们发现了拥有内在生物符号学伦理的动物生命有一个普遍特征，这个特征同时作为移位/投射的活动和来自他者的冲动而存在。这个普遍特征就是父母身份（parenthood），它是环境界中的一种存在状态，在这种状态中，预测（anticipation）非常显著，在这种状态中，符号集合的福祉与自身的福祉连续但不完全相同。为人父母通过对另一个人的密切关注，使自己得到解脱。最重要的是，为人父母的道德义务（再一次在巴迪欧的意义上）触动了主体并要求其忠诚，而主体根本不知道道德正在被践行，或者说主体根本不知道自己正在执行一项程序（programme）。在人类和非人类动物的世界中同时存在养子不教的情况，这说明在过去20年，人类世界风险意识的增长并没有最终促进更道德的社会形成，父母身份可以说是生物符号学伦理概念的最佳说明。在西方和东方的传统中，养育子女都与“大地母亲”的神话联系在一起（见 Han 2016）。事实上，在符号学传统中，此类陈词滥调中的个体主义和性别偏见已经很大程度上被削弱，并产生了“母性”（mother sense）（Welby 2009a，b）和“盖亚”（Lovelock 2000）这两个概念。养育子女需要关爱，这种关爱不带有孔迪拉克和其他人本主义者认为的道德规范中所包含的那种利己主义。对人类来说，它是一种包含了快乐、痛苦、悲伤和幸福体验的符号过程，以及在这个过程中又产生更多的快乐、痛苦、悲伤和幸福体验的符号过程。其中一个响应另一个的召唤。最重要的是，它对所有物种**环境界**的再生至关重要，有时候它被称作爱。

第六章

自然与文化中的符码和解释

虽然生物符号学强调符号过程的连续性，但它也关注其他方面，比如符号过程中的系统模式化、由识别到产生意义的关键点、恒定因素的出现、习惯的形成，以及约束的运行。但是它主要关注的还是解释活动，在这一活动中，有机体的行动主体性以某种方式推进着符号过程。然而，正如第四章所讨论的，生物域中的某些数字符码在“符码－二元性”（code-duality）概念中被确认并发展出恒定性，这在生物符号学中也很重要。符码概念在文化、文化分析和日常言说中非常普遍，在一般符号学的历史中也占有一席之地，本章将探讨生物符号学在解释方面所使用的符码概念。

关于符码的历史，将其作为一种概念或现象而非作为一种实践来追溯，是存在问题的。大多对符码的阐述都不具有自指性，它们很少定义符码，也缺乏对历史的关照。在关于数学、计算机处理、信息理论和密码学的教科书中，对符码的讨论始于熵和算法、符码的状态及其本体论（参见 Welsh 1988；McEliece 2002）。一些数学教科书花了一些篇幅来界定符码概念，比如比格斯（Biggs 2008：v）认为符码活动（coding）是如下这样的。

> 用由（可能）不同符号（symbols）所编成的讯息（message）来替代某个符号信息（symbolic information）（比如某个比特序列或某种以自然语言编写的讯息）。这样做出于三个主要原因：经济性（数据压缩）、可靠性（错误纠正）和安全性（加密）。

然而，这种直接的界定似乎并不多见。对于符码的描述大多直接指向西方传统中的密码学。常提到的有古希腊的斯巴达棒（scytale）和罗马所发展的凯撒密码（the Caesar code），前者是一种写有信息的纸条，只有当它被螺旋式地缠绕在棍子上时才能读懂；后者则是一种在书面讯息中进行字母替换的基本系统。很明显，这些都已处于符码活动演化中一个相当先进的阶段了，彼时的人类已经发展出作为非模拟交流的文字（尽管大多数对于书写根植于经济交换的描述都提到了其起源于模拟交流）。

符码概念直到19世纪才真正发展起来，尤其是在密码学方面。正如词源词典所揭示的那样，符码与拉丁语“法典”（*codex*）颇具渊源，也与“附录”（codicil，对文件的修订或对部分内容的重写）有关。之后，在辛格（Singh 1999）的科普书籍中，符码指“保密的机械化”（The mechanisation of secrecy），即发送加密讯息。作为一种法则（law）的符码建立在发送者和接受者对于各种解码规则的了解以及潜在拦截者对这些规则的不了解之上。19世纪之前，符码就存在于早期的书写系统中，甚至存在于用来计数的非书写系统中了，例如近5000年前印加人发明的结绳记事（the quipu）（Ascher & Ascher 1997）。人类符码活动的历史已经有数千年，而符码这个词却直到最近才被普遍使用。和许多学科一样，专业的符码活动研究是在近150年里才出现的，它随同电子符码活动（从电报开始）的兴起而出现，与20世纪20到40年代的传播、媒体和文化研究的发展融合在一起。

对符号学来说，符码观念主要来自传播活动，但也来自更为专注的语言学研究。在有符码倾向的语言学中，尤其是在符号学（semiology）盛行时期的一个关键人物自然是索绪尔（参见上文第二章）。索绪尔对符号学（semiology）的设想是“研究符号作为社会生活的一部分，扮演着什么样的角色的一门科学”（1983：15），需要对符号运作的条件进行“共时”（synchronic）考察。索绪尔强调，语言系统（*langue*）是符号使用的基础，这一系统是语言符号之间差异的总和，这些语言符号并非建立在“意义”的自然过程中，而是由音响形象（sound pattern）和概念之间的任意关系所产生的“价值”组成。实际上，语言系统为生成符码化的言说行为提供符码。索绪尔的观点启发了符号学和语言学领域的其他研究者，叶尔姆斯列夫（Hjelmslev）和罗兰·巴尔特就提出了由一种符号集翻译为另一种符号集的互补方式，例如符号的“表达层”（expression plane）和“内容层”（content plane）结合形成新的“表达层”。但是，以这种方式将符码应用到对语言的理解中，却存在着一个根本问题，正如迪肯（Deacon 2012b：10）所指出的那样。

> 符码确实涉及任意映射或对应关系，这正是其所指不透明的原因，也是加密的基础。符码是一组符号标记与语言间的平行的映射，通常是一个标记到另一个标记的映射。因此，如果仅将语言或其任何属性（例如音系、句法或语义的基础）描述为符码，只会引出一个问题：这种映射关系的基础是什么？

因此，语言中的符码不仅仅依赖于语言符号的任意性，还有更多的东西。

在语言学及其他领域，对符号和符码的解释非常复杂，其复杂程度早已超越了索绪尔构想所允许的范围。艾柯在其颇具影响力的英译著作《符号学理论》（*A Theory of Semiotics*）（1976）中详细阐述了这个问题。他以一个工程师的例子开始了对符码的讨论，这位工程师负责两座山之间的水闸，需要知道水位高到何时是危险的。工程师在分水岭上放了一个浮标，当水位上升到危险水平时，发射器会被激活，并通过通道发出电信号，电信号到达下游的接收器时，接收器会将该信号翻译为目标设备的可读讯息。艾柯（1976：36 - 37）指出，在符码这一称谓下，工程师需要实际考量四种不同现象。

> （a）一组由不同组合规则所决定的信号（signals）（记住，这些规则与水位状态没有天然的或确定性的联系——工程师也可以利用这些规则通过同样渠道发送信号来向爱人表达感情）；
>
> （b）一组（水位）状态：它们要以一种易于理解的形式到达目的地（几乎任何一种信号都可以用来传递这些信息）；
>
> （c）信宿端的系列行为反应［这些反应可以与（a）和（b）如何组成无关］；

(d) 将 (a) 系统中的某些项与 (b) 和 (c) 系统中的某些项耦合起来的规则，该规则确立了一组特定信号所指代的特定水位状态，或者说是句法所参照的意义配置 (the semantic configuration)。另一种情况是，信号排列对应特定的响应情况，不需要考虑明确的意义配置。

对艾柯来说，只有 (d) 中的规则才能真正被称作为一种符码。然而，他也指出，(a) (b) 和 (c) 中的组合原则常被认为是符码，比如广泛流传的“法律符码”“实践符码”“行为符码”等。然而，艾柯的符号学为传播研究明确指出，符码应该被严格视为一种“整体”现象，即一个符码规则不仅将符号 - 载体与其指称的对象绑定，还可以将符号 - 载体与任何可能引发的反应绑定，无论其指称对象是否变得明确。(a) (b) 和 (c) 最多可被视为“s 符码”(s-codes)，即独立于任何传播目的而存在的系统或结构，这些都可以通过信息论进行研究，但只有当它们存在于一种传播的规则或符码中，即 (d) 情形出现时，才能引起传播科学的关注 (Eco 1976：38 - 46)。

艾柯符号学的符码理论的另一个基础，是关于符码 (和“s 符码”) 在互动或“符号功能”中的特征。艾柯没有去强调符号的“指涉功能”，即符号以或直接或间接的方式指涉世界中的某一物体 (object)。在融合了索绪尔及其他人的观点后，艾柯强调符号对其他符号或文化单元 (cultural units) 的指涉方式，“每一次试图确定一个符号的指称物，我们都不得不用一个抽象实体来定义，这个实体只能是一个文化惯例”(1976：66)。因此，对艾柯来说，词语的含义永远只能是一个文化单元(1976：67)，或者最多是一个心理单位。此外，这种从一个符号或文化单元到另一个符号或文化单元的运动，意味着符号被视为和传播在一根链条中运作，艾柯用皮尔斯的解释项概念讨论了这一现象 (1976：68 - 72)。重要的是，艾柯将符号学视为“文化人类学的替代”(1976：27)，他赋予符号学以一种传播模式，在这种模式下，符号学不再固守在指称性的各种可能研究当中，而是面向文化的变迁。

尽管如此，在考察生物符号学如何阐释与自然相关的符码时，艾柯的

“文化”视角依旧很重要，在下文我们将会看到，它对于识别符码活动的不同强度至关重要。在晚年接受采访时，艾柯开玩笑地提到，在 20 世纪 60 年代，他和他的同事在“兜售”符码强度一事上“不能自已”（参见 Kull & Velmezova 2016）。符码的强弱可能因领域而异：“符码”这一术语既有一种流行含义，也有一些更为一般的含义，就像霍夫迈尔（Hoffmeyer 2008a：83）所指出的那样，“同一术语在不同学科（例如，法理学、遗传学、计算机应用）具有相当不同的内涵”。关于符码，流行的看法是，它是强符码，有时甚至理所应当地起决定性效用，这导致了强符码活动和弱符码活动的差异总被忽略。对此，下文将会展开讨论。1963 年后，西比奥克发展了动物符号学，本章将从这个时间点开始考察符码概念发展中的关键节点，在生物符号学视域下追溯符码概念的演变，并从中发现它对文化的显著影响。

目前，在当代符号学中，一些主要符码的定义需要进行历时考察，否则会明显地相互矛盾。在西比奥克（2001b）的最后一本著作中，他反复提到五种主要符码：免疫符码、遗传符码、代谢符码、神经符码，当然，还有言语（verbal）符码。它们都是强符码，诉诸精确性和机械性，以利于物种繁殖和生存。霍夫迈尔（Hoffmeyer 2008a：84 - 85）则将符码概括为“为了交流而对不同实体的习惯性使用或做出的习惯性行动”，并给出了着装符码、行为规范符码等例子。他所说的这些是较弱的符码，更像是各种具有一定灵活性的规范准则。他补充指出，符号学既要在独立于语境规则的编码、传输和解码框架下来研究符码（这也正是信息理论对符码的核心定位），也要关注那些更为宽松的符码，视它们为意义活动的创造载体，一种仅能创造和表达特定类型意义的符号资源。在符码问题上，巴比耶里（Barbieri 2003，2010）是另一位能够高屋建瓴的生物符号学家，他研究生命起源时遗传符码中的符号过程，这时的符码还是独立于语境的，直到 30 亿年后，这种符码才被有机体解释活动的发展所取代。他补充说，符号过程和解释活动“是不同的过程”（2009：239）。本章将回到后一点。为了展示生物符号学对符码问题的思考历史，本章将首先梳理该术语在西比奥克著作中的使用演变。生物符号学对符码的阐释会涉及后者的文化意涵，对此或许有人会质疑，不过他们将会看到，生物符号学不仅关照到了关于符码的常见问题，还对其进行了更深入的思考。

在1972年出版的论文集《动物符号学的观点》（*Perspectives in Zoosemiotics*）[①]中，西比奥克对符码一词的使用，在他的动物符号学研究的第一阶段就有了很明显的演变，与他的动物符号学研究的第二阶段形成对比。马兰（Maran 2010：318）认为西比奥克的动物符号学研究第一阶段是在1962年至1969年，尽管这还可以再往前追溯到1960年西比奥克在伯格韦德斯坦堡（Burg Wartenstein）的会议上发表的第一篇动物符号学论文；马兰认为，西比奥克动物符号学研究的第二阶段为1975年至20世纪70年代末，其实也可以扩展到1980年纽约科学院关于“聪明的汉斯”的讨论会及20世纪80年代和90年代有关“聪明的汉斯”现象的文章，还有发表于1994年并在2001年被录入文集（2001b）的关于家猫符号行为的文章。符码在西比奥克著述中的地位变化，恰恰区分了他的动物符号学两阶段——在第二阶段，符码在西比奥克的著述中消失了，但是，正如我们将会看到的，在第一阶段的著作中，符码是核心，且呈现出一个相对强的符码姿态。但这种强符码不是因为信息理论的影响，而是受到被信息论影响的语言学的影响（即便如此，这已经开启了符码向弱形式消散的过程）。

为了推陈出新，《动物符号学的观点》中的文章并未合成一个体系。正如西比奥克在前言（1972：4）中承认的那样，一些主题在书中重复出现，而一些问题由于与文章最初写作时的目的不同，也被重新论述。尽管如此，随着西比奥克在整个20世纪60年代持续写作，与动物传播有关的符码概念确实得到了发展。通过细读西比奥克的论著并进行一系列引述，本书希望能够将符码概念的发展梳理得更加明了。《动物传播》（*Animal Communication*）（1965年出版）一书最初对符码的定义颇为直接。

> 符码是一组转变规则（transformation rules），通过这些规则，讯息可以从一种再现形式转换为另一种再现形式。一个讯息正是通过应用一组此类规则生成的字符串，或从约定的（即常规的）符号集中生成的一个有序选择。

---

① 该论文集收录了西比奥克诸多20世纪60年代的论文。——译者注

这个定义让人想起了符码和规则的传统关联——可能也包括“转换”，但并非绝对——这是对乔姆斯基生成语法及其在这一时期影响的一种认可。在一篇 1962 年发表但可能写于 1960 年的论文中（1972：9），西比奥克进行了如下定义。

> 符码活动（coding）用来指一种受严格的逻辑规则约束的操作，旨在通过将基本信号组织成可选择的行动模式来提高传播效率。符码用来指讯息源和接收者预先（a priori）知道的关于讯息的一切。

在此定义中也可清晰看到规则的概念，但是在指称讯息源和接收者时，西比奥克事实上就明示了他的定义采用的是传播/信息理论框架。这不仅仅是语境的问题，雅各布森（Jakobson）——西比奥克所认可的老师之一（见 Cobley et al. 2011）——在 1960 年提出的著名传播模型中，已经将语境表述为有关“指称物”（referent）的问题，但他认为符码是“为发送者（addresser）和接收者（addressee）所共享的”（Jakobson 1960：353）。上述引文中的关键短语是“预先”，表示存在而不取决于情景的共享内容，正好与雅各布森观点呼应。因此，在 1966 年用德语、捷克语和波兰语发表的《符号学和动物行为学》（“Semiotics and ethology”）的第一部分，西比奥克（1972：123）说，“信源和信宿因此可以说完全或至少部分地共享（d）一段符码，这段符码可以定义为一组转换规则，通过这些规则，讯息可以从一种再现形式转换为另一种再现形式。”这就是西比奥克在其早期的动物符号学著作中描述符码的总体方向。

然而，将符码作为预先规则的描述进一步仔细观察，我们会发现西比奥克的符码有特定的源头。在 1960 年的论文中，他（1972：17）谈到人类时指出，“然而，就符码而言，人类的自由是受到限制的：其选择必须由‘预制单元’（prefabricated units）组成，在同时存在的一系列二元区分中（Halle 1957），将算法中的元素（或决策程序）串连成有序的模式。”在这句引用中，有一个关键术语在他 1965 年的文章《动物传播》中再次出现。

> 按照遗传程序，进行传播的有机体在选择一个信息时，是从与其

物种一致的符码中进行选择的，并需要接收的有机体也能够理解这个符码。在该程序中，每个动物独特的记忆存储方式决定了遗传程序的读取方式，由此形成了一套几乎完全预制的反应（1972：72）。

一年后，在论文《符号学与动物行为学》中又一次出现了同样的关键术语。

在每一种物种中，一个讯息的信源与信宿必须共享一种符码，这是它们交流的关键，构成了一般“须知”的具体内容。发送的有机体需要从与该有机体物种一致的符码中选择讯息，让接收的有机体能够理解这种符码——根据一组“固定的”、预制的反应进行选择，或根据动物独特的记忆存储进行选择，进而引导交流行为。整体行为中基因预编辑的预制部分于是化为实际行动。（1972：72）

以上引用中反复出现的关键术语就是“预制”，用来补充说明这里谈到的“预先”概念，就像二战后的住房，在建造和居住之前就以标准化的形式确定，即符码本身先于传播。

根据20世纪50年代西比奥克在推动国际上传播研究事业中的关键作用，我们可以推测他的符码观的三个来源，即（一阶）控制论、传播理论和生物学。在他1964年的《论传播过程》（“Discussion of communication processes”）一文中，我们可以明显看到西比奥克受控制论的影响，其中他谈到了“在控制过程中对信息进行的符码活动，以及由此引发的后果，其中，活着的动物作为输入/输出的连接设备在传统信息理论电路的生物版本中发挥作用，并增加了一个转码器”（1972：84）。这里，可以看到，控制论对西比奥克的影响非常明显。影响稍显不那么明显的是他在同一文章中所做的声明，但如果你对此足够熟悉，也能辨识出其中具有彼时传播学（及信息论）理论的典型特征。

语言的最根本单位，或如果你愿意的话，也可以称为语言结构的原子粒，是按照最高效率的二进制符码来组织的。因此，无论言语活动处在什么阶段，相关因素被激发后都必然产生一个不同的、明确的“是”或“否”的反应（1972：86）。

只要对西比奥克的职业和思想轨迹有基本的了解，就会发现他对符码的论述中有生物学的倾向不足为奇。在《动物符号学的观点》一书的“前言”中，他指出“我成为一名专业的语言学家，并兼有遗传学之长”（1972：2）。众所周知，西比奥克多次自称为“非职业却擅于此道的遗传学家”（例如1991c：9；2011：457）。他的这种自我定位意义重大，这也许表明，其文集的符码主题最终与遗传学假定的恒定性有关。在1968年名为《动物传播研究的目标和局限性》（“Goals and limitations of the study of animal communication”）的文章中，西比奥克写道，“现在已经足够清晰，遗传密码必须被视为符号网络中最基础的一种，是包括人类在内的动物所使用的其他所有符号系统的原型”（1972：117）。

然而，尽管在早期动物符号学论文对符码的讨论中，控制论、传播理论和生物学占有突出地位，但还有一个进一步的、全面的理论来源，即语言学，尤其是雅各布森式的语言学。《动物符号学的观点》是献给在芝加哥教过西比奥克的遗传学者约瑟夫·施瓦布（Joseph J. Schwab）的，但是在书的前几页反复出现的人物却是罗曼·雅各布森。在1964年的《传播过程的讨论》（“Discussion of communication processes”）一文中，西比奥克分析说明了构成人这一动物的一些关键特征，并总结了人类与生俱来的那些工具，这些工具被语言学认定为“语言的通用构建模块，即‘区别性特征’（distinctive features）”（1972：86）。事实上，他对区别性特征的描述明显受到了传播/信息理论的影响。因此，上段引文（1972：86）可以在此扩展，再次引用。

> 语言的最根本单位，或如果你愿意的话，也可以称为语言结构的原子粒，是按照最高效率的二进制符码来组织的。因此，无论言语活动处在什么阶段，相关因素被激发后都必然产生一个不同的、明确的“是”或“否”的反应。在这种形式的人类传播表达结构中，最基本和普遍的首先是基于最大区别的最小对立系统，其次是基本音韵部分在更复杂的句法和其他结构中所具有的等级顺序。

这一时期的西比奥克显然认为区别性特征是一般语言学理论中“最具体和最实际地被认识”的那部分，尽管他也指出“区别性特征的系统发展……显然还仅仅是纯粹的推测”（1972：88）。需要明确的是，区别性特征不是规则或符码本身，但它们在某种程度上与符码同义，因为它们构成了符码。可以以足球来做类比，每一个单独的踢球、顶球或抢回弹球都是不同的动作，但这些动作共同构成的符码或规则却决定了用手触球是违规的。雅各布森已经看到了索绪尔提出的音素对立［但雅各布森指出，这是由波兰语言学家博杜安·德·考特尼（Baudouin de Courtenay）于1870年提出的］并不是一个纯粹的对立，既容易出现重叠，又不够详细，音素无法成为语言的基本、决定性单位。因此，在20世纪40和50年代，雅各布森（Fant et al. 1952；Jakobson 1976）发展了区别性特征理论以解决信息背后的符码问题，即认为声音甚至比音素更基本；声音不能被简化到二元状态之外。

西比奥克和雅各布森认为讯息背后的根本构成是符码，二人事实上参与了哈里斯（Harris 1981）所称的“语言神话”这一千年实践（the millennia - old practice）。在一本皇皇巨著里，哈里斯有意简单地概述“语言神话”中的关键问题，那就是“语言以交流为前提”（1981：19）。然而，面对这一点，西方的语言研究传统（起于哲学，然后延伸到其他领域，最终渗透到一般群体，形成了被称为“语言学”的成熟学术体系）一直致力于将言语传播拆分，试图确定什么是语言。这种“孤立观”（segregational view）“坚持认为‘语言’（单词、句子等）是一回事，而人们用语言做什么又是另一回事”（1996：14）。在提出语言“孤立观”的过程中，西方传统的历任“掌门人”都认为存在语言和语言组成成分的区分，虽然在语境不断变化的环境中，交流是创造力的熔炉，然而后者是次要的。除了这个更宏大的神话之外，哈里斯还发现了一些子神话（sub-myths）：分割语言以达到“语言本质”；句子和命题（尤其是在语言哲学中）；远距离思想传送（尤其受到索绪尔的拥护）；以及与本文有关的子神话——固定符码谬论（the ficed - code fallacy）。

雅各布森主要通过否认索绪尔的线性原则而转向了语言的固定符码模型。哈里斯（2003：96）指出，雅各布森从索绪尔的《普通语言学教程》中选择了一篇关于句法的介绍文章，将索绪尔关于不可能同时发出两个语言元素（linguistic elements）的原则误解为两个语言元素不可能被同时发音（voiced）。线性原则似乎是以语境为导向的，即一个元素必须与另一个元素关联处理；雅各布森拒绝这一原则，并导向了他所倡导的区别性特征，即认为比音素低一级的声音差别构成了一个基础的二元符码。雅各布森偏爱语言中固定符码理论，这可能是源自他在20世纪50年代对信息理论的兴趣，但固定符码理论也是“孤立的”语言学的逻辑产物。众所周知，雅各布森从20世纪50年代开始就非常喜欢皮尔斯的著作。当然，这并不是说脱离符码就是支持“解释行为”。正如哈里斯（1996：10－12）所认识到的那样，皮尔斯也通过类型符/个别符（type/token）的区分形成了他自己的符码观。雅各布森关注到这一区别，并体现在他的《意义的一些问题》（“Some questions of meaning”）（1990a）和《意义本质的探索》（“Quest for the essence of meaning”）（1990b）这两篇文章中，但他的语言学似乎仍陷于孤立的事物中。与此相反，哈里斯提出“整合”（Integrational）的观点（例如，见 Harris 1998），专注于传播（communication）而不是语言（language），坚持认为传播是随时间变化的，完全取决于语境。这意味着此时的传播成了至关重要的事情，传播中的预先因素是有限的，且并不构成主要规则。“整合主义者”（integrationist）观点的另一种表述是，它源于这样一种想法，即讯息并非必然地依赖于符码［事实上，有证据表明，在区别性特征方面，雅各布森对索绪尔的解读并不一定等同于对符码和信息的生成性描述——参见 Jakobson 1990c（初版1942）］。孤立主义者（segregationist）通过分析信息来发现语言中的特定形式或符码，而整合主义者（integrationist）则更乐于接受传播中形式的不确定性（见 Harris 2006：39－42）。

同样，对于生物符号学来说，传播研究（相对于语言研究）并没有盲目地去划分信息和发现符码。至少在过去的50年中，动物传播研究的一个核心观点是：在交流时，动物们根本不会交换可能是由一种符码所产生的一个个的符号。相反，它们发送和接收“完整的”讯息。彼得·马勒（Peter Marler 1961：312）是最早深入思考这一问题的动物行为学家之一。西比奥克在《动物符号学的观点》中引用了他的观点。

在动物传播系统中，若干信息项似乎是由一个个离散的、不可分割的信号来传达的。我们通常不会发现不同要素可以再现的不同信息项，因为这在人类语言中很常见。在人类语言中，这些组成要素还可以重新排列以创建新的“讯息”。

自马勒写下此文之后，这已成为动物传播研究中广为接受的观点，并被许多实证研究证实，如塞弗尔斯和切尼（1990；Seyfarth & Cheney 1993）对黑长尾猴的指称性（referentiality）和特异性的研究。

当然，在 1969 年 IASS[①] 成立后，西比奥克的研究进入了“完全符号”（fully semiotic）阶段，此阶段见证了他对符码和符码活动（coding）的不同看法，区别于独立于语境的符码观。2001 年，在回顾既往的研究时，他批评了伯德惠斯尔（Birdwhistell）的身势学（kinesics），认为身势学是“从身体运动如何作为一种传播符码的视角来展开的研究，是通过类比语言学而创造出来的”（2001b：xiii）。在他后来的著述中，西比奥克提到了从特定电影类型的符码到猫之社群中的“文化”和“自然”符码的激增。他还把符码这一术语当作“解释项”的同义词（2001b：80，191 n. 13）。然而，尽管动物符号学中提出的观点质疑了动物传播（包括人类传播）中的固定符码理论，但是，我们早在西比奥克的动物符号学的第一阶段，就已经看出其中西比奥克观点的转变。在《动物符号学结构与社会组织》（“Zoosemiotic structures and social organization”）（1972）一文中，西比奥克描述了不同类型的符码活动，（并非没有问题地）认为莫扎特的《唐璜》包含了初级符码（primary code）——“自然语言”；二级符码（secondary code）——剧本；三级符码（tertiary code）——配乐（score）；之后才是表演（1972：164；类似的例子出现在 Sebeok 2001b）。西比奥克后来给出一个评论：“雅各布森对我的语言学研究产生了关键的影响，但有必要马上补充的是，其对我作为一个符号学家的成长过程的影响要小得多”（2011：459），这一评论也体现出他在“完全符号”阶段放弃了符码固定的看法。

然而，固定符码概念被拆解，不是仅仅体现在动物符号学的出现这一条线索上——过去的 40 年里，这种拆解已经彻底渗透进语言学，但总体上

① IASS 是国际符号学协会（International Association for Semiotic Studies）的简称。——译者注

仍是由符号学领导的——但在西比奥克的研究以及相应的符号学体系化发展中，动物符号学确实在符码方面产生了深远的影响。这在“第一动物符号学阶段”就已经得到了预示，并且可以归纳为三个与符号学研究和理论相关的点：1968 年，西比奥克观察到“对其他符号系统的描述倾向于（盲目和错误地）模仿语言学”（1972：112）；他指出，“在不同的‘符码活动’水平上，需要不同的理论，这似乎是一项紧迫的任务”（1972：112）；1972 年，他为当前的研究提出了一些关键的问题，即“什么是符号？环境及环境的动荡如何冲击到它？符号是如何产生的？”（1972：4）然而，同样是在 1968 年，西比奥克仍然相信基因和语言符码之间的关系，尽管这一关系尚待明确。

> 一个正常新生儿的语言能力发展完全是由遗传符码所决定的，这个发展过程很可能包括一组言语符码的通用引物（universal primes）[①]。但也正是以这样的方式，在不同时间和空间的系统发育中，完全相通的基因蓝图可以找到各种表现形式。（1972：109）。

因此，在西比奥克对言语符码、免疫符码、代谢符码和神经符码的进一步研究中，遗传符码一直都起着决定性的作用。

在他去世前的那些作品中，西比奥克反复地提到符码，但他仍然在“弱符码活动”和“强符码活动”之间徘徊。因此，他用“符码”来指称以下内容。

> 局部和常规信号系统——铁路信号、烟雾信号、信号灯、电报信号、莫尔斯电码信号、警示灯、信号弹、信标、烽火、红旗、警示灯、交通灯、警报器、遇险信号、危险标志、呼救器、蜂鸣器、敲击声、锣、铃和鼓（2001c：10）。
>
> 歌剧中的传播——莫扎特的音乐符码，达·庞特（da Ponte）的歌词以及其他非语言艺术符码，如哑剧表演、布景、服装、灯光等

① 通用引物是克隆位点两旁的序列匹配，目的是引扩出 DNA 片段，主要用来测序。（参阅百度百科，链接 https://baike.baidu.com/item/%E9%80%9A%E7%94%A8%E5%BC%95%E7%89%A9/5638680?fr=aladdin 参阅日期：2023 年 2 月 20 日）——译者注

(2001c：16)。

> 电影（3种符码），马戏（5种符码），戏剧（多符码）（2001c：16）。

在一个术语表条目（2001c：152）中，他给符码下了一个更宽泛的定义：“一种可以以特定方式再现多种现象类型的意指要素系统”。很明显，他对符码的综述过于灵活，以至于这个定义的解释效力变弱。

> 遗传符码、代谢符码（激素介导的细胞间交互）、包括人类在内的大量有机体所使用的非语言传播符码、我们独特的语言符码及其在各种艺术形式中的不同参与，无论是文学、音乐、绘画、建筑、舞蹈、戏剧、电影或各种混合形式，以及上述任何类型之间的比较，这些都在当代符号学的议程中（2001c：114）。

然而，西比奥克确实仍然强调着具有句法规则的符码，即语言和内符号系统（2001c：149），特别重申了内符号系统中的遗传、神经、代谢和免疫符码（2001b：72）。然而，他认为“这两种符码，即内符号（分子）和人类符号（包括语言成分）之间的类比是次要问题。重要的是，两者都是富有成效的符号系统”（2001b：19）。这里虽然省去内符号和人类符号之间的类比，却和西比奥克对符码的另一个晚近的、不寻常的陈述并不矛盾。一方面，他认为符码是“一组明确的规则，据此，讯息可以从一种再现方式转变为另一种”；然后，在同一句话中，他断言“符码是讯息交换双方实际上或假设应该具有的全部或部分共同之处”，由此引出了歧义——或者至少是限定条件（qualification）这一概念（2001c：31-32）。这里要注意“应该具有”和“部分”的表述方式。然后他解释自己对固定符码的虚幻本质的观察。

> 使用约瑟夫·魏森鲍姆（Joseph Weizenbaum）著名的计算机程序伊丽莎（Eliza）时，人类对话者倾向于将同情、兴趣等感情投射到伊丽莎身上，认为伊丽莎是有智慧的，就像是心理治疗师那样。事实上，伊莉莎什么也不知道。关于共享符码的一个类似谬误可以参考耶日·科辛斯基（Jerzy Kosinski）那篇精彩的中篇小说《在那里》（*Be-*

> *ing There*)（以及基于这部小说的电影）。在这部小说中，一个目不识丁的弱智园丁被赋予了诺斯替主义（gnostic）的最高属性，因为他——本质上是一张白纸——能够模仿、重复，并真实地反映每一个对话伙伴的互动符码而不论他们的母语是什么（2001c：31－32）。

正如哈里斯在语言学方面所积极揭示的那样，这种说法似乎暗示着固定符码的概念并不真正站得住脚。在充斥着口语的文化世界里，这种僵化的观念也不能当真。事实上，正如帕布雷和赫顿（Pablé & Hutton 2015）所证明的，这是当代符号学和整合主义的关键交汇点。

然而，在固定符码中迂回——或者，至少像西比奥克那样，在强符码和弱符码之间徘徊——在符号学中并不陌生。由于"句法赋予的"内符号过程呈现出不同的符码活动强度，符码活动话题也引发了生物符号学的讨论。第四章提到了"符码二元性"的重要性，同时提到霍夫迈尔和爱默彻（Hoffmeyer & Emmeche 2007）所说的限制条件。最近，生物符号学中关于符码的讨论集中出现在理论生物学家、国际期刊《生物符号学》（*Biosemiotics*）的联合创始人马塞洛·巴比耶里（Marcello Barbieri）的研究中。巴比耶里的语义生物学研究从20世纪70年代开始分阶段发展。《有机符码》（*The Organic Codes*）（2003）一书的出版标志着他的研究成就达到了一个极点，这是一本具有里程碑意义的论著，其风格具有生物符号学家霍夫迈尔、迪肯和更早的西比奥克的特点，读起来引人入胜。该书的核心是对四个原则和四个模型的阐述。

> 后生作用（Epigenesis）是生命的一个决定性特征。任何生命体都是一个能够增加自身复杂性的系统。生命的关键不是复杂性本身，而是产生复杂性的聚合增加能力。（第一原则）
>
> 实现复杂度的聚合增加相当于从不完全信息重建结构。这意味着后生作用相当于重建任务。（第二原则）
>
> 迭代算法被提出用于从不充分的信息中重建结构，实际上执行两种不同的重建：一种用于结构，另一种用于存储（内存）。这是因为实现有机后生作用需要有机记忆。（第三原则）
>
> 没有符码就不会有复杂度的聚合增加。有机后生作用需要有机符

码。(第四原则)

细胞是由三种基本类别（基因型、核糖体分型和表型）组成的表观遗传系统，其中至少包含一个有机记忆（基因组）和一个有机符码(遗传密码)。(第一模型)

动物是由基因型、种系型和表型组成的三位一体系统。(第二模型)

心理发展是从不完备的信息中重建的、由两个不同的过程组成的序列，每一个过程都以聚合的方式增加了系统的复杂性。第一个过程建立了物种思维（普遍语法)，而第二个过程形成了个体思维。(第三模型)

生命的起源和进化是通过自然选择和自然惯例进行的。宏观进化的重大事件总是与新有机符码的出现联系在一起。(第四模型，在原文中有强调)

从历时来看，这些原则和模型产生了以下的生命脉络和符码类型的谱系。

40 亿年前：生命的起源 - 遗传符码

20 亿年前：真核生物 - 剪接（splicing）符码

10 亿年前：多细胞 - 黏附（adhesion）符码

5 亿年前至今：动物、脊椎动物、羊膜动物、哺乳动物、文化进化 - 模式符码（Barbieri 2003：233)

除了这种历时性，还有如下重要的推论促成了有机符码的继承逻辑。

1. 获得新的有机符码的生命形式从未使其他形式灭绝。

2. 新的有机符码从未废止以前的符码。

3. 遗传符码存在于所有生物中，其他有机符码在越来越小的群体中出现，产生了一个名副其实的生命“金字塔”。

4. 一个有机符码的进化需要非常长的时间，但一套完整符码的“起源”是在突然间发生的，这意味着伟大的进化与符码在生命历史中的突然出现有关（2003：234 - 236)。

面对这份长长的原理、模型和推论清单，不要忘记巴比耶里论述的核心，即赋予自然以意义过程的意识。这也正是他对生物符号学的一个重大贡献："符码的不同寻常之处在于需要一个新的实体。后者除了有能量和信息之外，还需要有意义"（2003：5）。

巴比耶里没有将意义视为一种精神实体或先验实体，而是认为它是"通过符码与其他对象相关的对象"。其对符码的关注与其他从生物符号学角度给出的意义定义形成对比，其他从"识别"等更广泛的过程来定义意义。巴比耶里借鉴了索绪尔传统的符号学表述。

> 例如，"apple"这个词的意义就是该水果的心灵对象，这一词通过英语的语言符码而与其心灵对象相关联。（在另外的语言符码中，同一词语会关联不同的心灵对象）（2003：5）。

除此之外，巴比耶里还进一步列举了符码的例子：点和横线代表莫尔斯电码中的一个字母，三种核苷酸的组合代表遗传密码中的一个氨基酸。

本书对符码的一般说明就内在地包含了解释活动，而不是说"选择"用解释活动来说明符码——解释是一个内符号成分相互交织的过程。在谈到信号对细胞的影响时，巴比耶里（2003：109）表示，实验结果已经证明了如下结论。

> 外部信号没有指导作用。细胞利用它们来解释世界，而不是服从于这个世界。这样的结论相当于说，信号转导（signal transduction）是基于有机符码的，这实际上是对数据的唯一合理解释，但我们也希望有一个直接的证明。正如我们所看到的，有机符码的标志就是调节机制的存在，而信号转导分子确实具有调节器的典型特征。

通常情况下，细胞使用信号来解释世界这一事实并不必然得出符码存在的结论，除非符码是指弱符码活动，因为如果是强符码活动，外部信号就会产生指导作用。后来，巴比耶里（2003：182）还指出，从核糖体中首先出现的氨基酸链片段，可以解释为细胞向内质网输出信号的序列。他解释说，只有当信号不存在时，细胞才会忽略它。

在他的一篇具有开创性的文章（2003：229－230）中，我们可以明显看到巴比耶里将内符号的解释水平降到零，提高了有机符码的强度。他在文章中指出，现代生物学只坚持自然界中的两个符码：一个是随着生命起源而出现的遗传符码，另一个是此后40亿年出现的人类文明进化符码。正如我们所看到的那样，巴比耶里还提出了有机符码。

> 有机符码起源于一套完整规则的出现。因为一套完整的规则出现时，自然界中会出现一些全新的、以前不存在的东西。以遗传符码为例，我们已知在前细胞系统中一次可以出现一个规则，它们中的每一个都可以对系统的发展做出贡献。然而，当一套完整的规则出现时，地球上便产生了全新的东西：生物特异性，这是生命最基本的特性。这一事件标志着精确复制的起源，也就是第一个真正细胞的诞生，因此可以说生命起源与生物特异性的出现一致，即与遗传符码的“起源”一致（2003：230－232）。

尽管巴比耶里的原则和模型总体上与生物符号学相当一致，但以上他对有机符码的论述几乎没有给一些更熟悉的主题提供进一步讨论的余地，这些主题包括本书讨论过的行动主体性、自由、选择、习惯、约束和支架理论。

西比奥克（2001b：68）认为“因为没有可解释性（显然是生命的主要倾向）就没有符号过程，所以符号过程预设了符号圈与生物圈不言自明的同一性”。根据本章已经讨论到的西比奥克在强、弱符码活动之间的来回，可解释性不可能被假设为对符码活动指令或能动选择的识别。难怪库尔（2012：18）指出，在生物符号学家的讨论中，符号过程和符码之间的关系问题一直难以解决。他继续对符码定义做如下定义。

> [符码是指] 实体之间的一种常规对应或关联——这种常规对应或关联化无法在自组装的基础上形成（因为在有一个符码的情况下，形成替代链接的可能性非常大）。符码的创建或继承并非是自组装的，它是由符号过程（由生命）创建或继承的关联或链接（Kull 2012：18）形成的。

库尔总结到，“符号过程居于符码之先；符码是符号过程的产物。”符码可以在符号过程之后持续存在，例如在机器中。他还补充说，这就像“一种冻结的实用主义”或“一种冻结的习惯”（2012：18）。但正是符号过程使符码关系本身及其持续、重构和遗传成为可能。有趣的是，库尔也认为，没有符码，符号过程就不存在，符码是符号过程的必要不充分条件。很明显，这是对弱符码的定义。

库尔的论点中可能最具说服力的部分仍与连续论相关。他写道，符号过程“总是需要有先前的符号过程（所有符号过程都来自符号过程，就像所有生命都来自生命，当然生命最初的起源除外）”（2012：18）。在符码产生之前必须先有某种东西——实际上，符码的存在正取决于那个东西，即符号过程。正是符号过程积累了意义。巴比耶里认为，符码需要意义，是意义让符码通过识别、记忆、分类、模仿、学习和交流而发挥作用。巴比耶里论证了意义对于符码的运作是必需的，因此，我们似乎有理由认为，负责生产意义的不是符码，而是符号过程，其方式是通过多个（弱）符码的邻接和并置（Kull 2012：19）。库尔说，当产生新的符码时，符号过程就在学习能力中，或许还有识别能力中，发挥了作用。然而，在任何一种情况下，总存在不确定、无把握的可能，这一事实将符号过程与符码区分开来。由于符码依赖于符号事件，而符号事件并不会自动产生效果，所以符码更像是一个恒定因素或一个习惯在起作用，二者都不是百分百奏效。在自然中被视为符码的可能是一种拟人化（an anthropomorphism），这使得恒定因素比它所保证的加密性更为保密。巴比耶里考虑了这一点，但认为这“并不意味着两个独立世界之间的对应必须是意识活动的结果”（2003：5）。所观察到的对应关系仍有可能是一种拟人化。极端的行为主义会通过简单地指出“这个发生，然后这个发生”来避免这种拟人化。正如第三章所建议的那样，也许重要的是克服拟人化，以获得最具启示意义的结果，或在这种情况下，重要的是判断识别出交流是弱符码化的还是强符码化的。

符号过程创建符码，这与“解释活动”概念同义。在英语中，“解释”既指阐述事物的含义，也指翻译事物的意义。自然界中的任何事件，被该事件之外的某一实体观察到，由此该事件产生了意义，事件之外的实体通过识别、记忆、分类、模仿、学习和交流的过程来翻译出意义。如果观察到的事件本身就是一个涉及“解释”的事件，那么事情就会变得复杂得多。事实上，当“解释”的原则未得到很好的调整时，比如它们过于机械或过于灵活——那么“解释”就会变得非常棘手。翁贝托·艾柯的大部分学术生涯都致力于解决这个难题，通过参考文艺复兴时期的神秘哲学和赫尔墨斯主义（Hermetism）炼金术，他卓有成效地解决了这些问题。在赫尔墨斯主义五花八门的观点中，有一种观点认为每个符号都与相似的符号持续相关。例如，一些赫尔墨斯主义者认为兰花这一植物的外形非常像人类的睾丸［在希腊语中，兰花（orchis）=睾丸(testicles)］。因此，对兰花的一些“手术”处理如果奏效了的话，以同样的方式运用在人身上也会奏效。可以想象这种场景下人可能要遭受的痛苦。作为对此种场景的回应，艾柯引述了弗朗西斯·培根（Francis Bacon）的反对意见，即人们必须区分因果关系和相似关系。也就是说，兰花根部可能看起来很像睾丸，但二者背后的形成原理是不同的。艾柯（1990：29）将此与皮尔斯的习惯概念类比，以寻找另一种“解释”方式，艾柯说道，面对培根的反对意见，皮尔斯很可能会补充说出如下观点。

> 如果将兰花根部作为睾丸的“解释”并没有产生一个实际的习惯——这个习惯使得解释者据此“解释”可以成功“手术”，那么这个符号过程就失败了。在同样的意义上，一个人有权去做出最大胆地试推，但是如果这个试推在进一步的实际测试中被证明不合理，就得被抛弃。

与本章主题相关的两个观察结果由此而来。首先，严格意义上的强符码必须是完全机械性的，并且不会产生预期结果以外的任何东西，由此，强符码不对“解释”开放。其次，强符码只能通过试推的方式来识别确认，试推确认可能会犯错，但强符码不能出错。第四章提出的符码二元性概念揭示了强符码和弱符码之间的另一个悖论。数字符码（一些强符码，它们以某种机制为特征，例如“自私基因”）被赋予了一种自主的特性，但实际上，它们的效力范围是有限的。相反地，相似的符码活动在事实上被认为是独立的、个体主义的，然而，个体实际上受制于物种历史、死亡和有性繁殖的需要（Hoffmeyer & Emmeche 2007：51）。

我们有必要讲清楚以上分析的文化意涵。文化分析即便知道这些文化意涵，也常常会忽略它。无论是编码还是解码，符码行为并非等于密码学。自然的数字符码有两个常常被忘记的重要特征，这两个特征也在文化中反复出现：第一个是内符号数字符码具有句法特征，如遗传符码；第二个是以遗传符码为代表的符码具有易错性，如遗传符码经常发生突变，即有机体基因组的核苷酸序列会发生永久改变，而不是完整、可靠、不间断地复制本体。尽管如此，文化中的符码行为并不等同于自然的数字符码。此外，自然界中识别、记忆、分类、模仿、学习和交流的易错性与文化中识别、记忆、分类、模仿、学习和交流的情况是连续的。当然，我们应该记住，在自然界和文化（即自然界中人类那一部分）中，识别、记忆、分类、模仿、学习和交流等方面都取得了很大的成功，否则生存就危险了。然而，这里想强调的是，尽管符号过程涉及符码，符号过程并不能说就是符码。符号过程中的恒定因素可以使环境界生效和增强，如习惯、约束甚至抑制中的那些恒定因素，而演变过程常常不可见。这个问题是下一章的重点。

第七章

自由，抑制和约束

符号过程倾向于不断发展，衍生出更多的符号过程。然而，有机体常常需要让符号过程的发展速度慢下来，或者重复符号过程的某些部分，所采取的方式就是产生恒定因素（invariants）。如皮尔斯所言，正是“符号的基本功能是使无效率的关系变得有效——不是让这些关系直接变为行动，而是构建一个习惯或普遍规则，让这些关系依此来行动……”（8.322）除了恒定性（invariance）之外，由于自然包含文化，这种自然的连续性还存在一个关键的问题：一个现象的直接发展总是会明显地遇到阻碍（impediment）或阻断（blockage）。这一问题在我们理解文化时常常被忽略。然而，向来都有大量的证据表明，这样或那样的文化现象从来都不是平稳地发展到当下的，相反，它由多种因素决定，发展过程曲折。这些问题我们会在第八章说明，同样，第八章也会谈到，生物符号学对自然的描述也需要关注它的多种决定因素和坎坷的发展过程。回到本章，这里关注的焦点是对发展阻碍进行概念化，分析发展阻碍带来的一些后果，具体探讨这些后果如何在文化的某一方面发生，在更为普遍的层面探讨它们在视觉和非言语行为的互动中是如何发生的。

尽管人们流行把进化生物学简化成几个关键阶段，但是认为进化生物学不受多种因素影响的想法还是过于天真。在《物种起源》（*On the Origin of Species*）第三章，达尔文谈到“生存竞争”，讨论了各种变异（variations）。他指出，如果各种变异对一个物种的所有个体有益，有助于它们面对“与其他有机体和所生存的物理环境的无限复杂关系”，那么这些变异就可能使这些个体存活并繁衍后代，以帮助它们获得更大的生存概率。这个原则被称为“自然选择，以标明（mark）它和人为选择力量之间的关系”（Darwin 1872：69）。在《物种起源》的第四章，达尔文延伸了自然选择的定义。

> 我们还应记住，有机体的相互关系及其与所生活的物理条件的关系是何等复杂而密切；因而无穷变异的构造对于生活在变化的条件下的有机体总会有些用处。既然对于人类有用的变异肯定发生过，那么在广大而复杂的生存斗争中，对于每一生物而言，在某些方面有用的其他变异，难道在连续的许多世代过程中就不曾发生过吗？[①]（Darwin 1872：62－63）

达尔文在此提请注意多元决定论（overdetermination）中的各种要素。其中的关键点在于有机体的生态位（niches），或者说聚集地区，及其和“生存的物理条件”之间的复杂关系。当然，这种强调证明了达尔文充分考虑了有机体生存条件所具备的多重性，这与认为自然选择是不可改变的法则这一流行看法形成了对比。然而，该声明凸显了“使用”（use）这个概念，而忽略了“使用”和“生存”之间的区别。之后，达尔文的确有澄清这种忽略，他提到了蜜蜂蜇了别的生物之后自己就会死亡，大量雄蜂会被没有生殖能力的雌蜂杀死，冷杉树会浪费大量花粉，以及有一种爬虫可以在毛毛虫的活体内觅食。他总结道：“根据自然选择理论，还有更多追求绝对完美的案例没有被发现，这的确让人惊讶”（Darwin 1872：415）。

关于“使用”这一问题，达尔文的这些陈述只是说明了限制条件。古尔德和利恩亭（Gould & Lewontin 1979），古尔德和费巴（Vrba 1982）就极好地挑战了“使用”这一概念，他们的文章里揭示了当前有用性（current utility）和历史基因在进化过程中的重要区别。然而，霍夫迈尔和库尔（2003：269）独辟蹊径，提出了与主流的进化生物学路径不同却因此更有

---

① 此处引文翻译参考原文献的中文译本，其中有极个别改动。参考达尔文：《物种起源》，周建人、叶笃庄、方宗熙译，叶笃庄修订，北京：商务印书馆，1997年，第95页。——译者注

力的一个观点：将生态位（ecological niches）中所设想的"使用"以符号生态位（semiotic niches）中的"使用"来替代。在符号生态位中，有机体可以有更多的控制权，因为它处在一个共时发生的过程中，所有潜在相关的因素会被正确地解读。在一个生态位中，有机体不仅仅只关注食物、舒适和繁衍，还必须关注一系列符号，这些符号与那些被期待的实体相关（正如它也会考虑那些不被期待或者"庸常"的实体、应该忽略的实体）。考虑到个体环境范围的扩大和符号的累积，霍夫迈尔和库尔采用了鲍德温的视角而非严格的达尔文的视角，因为"有机体并不是被动地服从严格的环境判断，相反，它们以各种方式感知、解释，以及在环境中行动，创造性地、意外地改变整个环境的选择和演化模式"（Hoffmeyer & Kull 2003：269－270）。

这不仅拓展了达尔文所认定的多元决定论，而且解开了达尔文论述中对生态位多样性的束缚。然而，这只是对生态位的多元决定论进行的局部理论框架建构。达尔文将生存和自然选择原则二者关联，霍夫迈尔和库尔则通过符号环境所促成的行动主体性来解除这种关联。但是，尽管后者建构了一种更具施动性的有机体，他们却都没有考虑到生存的品质问题。在论述自然选择时，无论是选择的偏向本质，还是对主体的环境限制，都没有被理论化（古尔德、利恩亭和费巴或许能够理论化选择的偏向本质，但还是没有这样做）。换言之，他们并没有从理论上说明"不利的"条件如何可能有助于有机体的生存，而这些有机体是被视为拥有行动主体性的。看来，达尔文主义未能对一些事物是如何得以实现而另一些事物是如何受阻给出理论解释。换句话说，在有利于生存的两个结果中，其中一个结果可能会被抑制，这其中的机制是什么，达尔文主义并没有予以论述。即使说主体可能匆匆选择一种生存结果而抛弃另一种结果，这种解释也是说不通的。事实上，直到最近，生物符号学才对这一理论进行完善。

达尔文没做论述，但是另一位"伟大的现代思想家"做了，虽然他的著作同样并非无懈可击。在1915年的那篇关于抑制（repression）的论文里，弗洛伊德指出，本能冲动可能会受到阻碍而无法发挥作用。如果这个冲动来自外部，它可能会受到逃避行为的抵抗；但是这种情况绝不可能和直觉相关，因此，对人类来说，最终的抵抗是基于道德评判的谴责。谴责过程的最初阶段就是抑制，是“处在逃避和谴责之间的某个东西”[Freud 1984（1915）：145]。由于对本能的满足常常是令人愉悦的，所以如果是本能内在地受到束缚，或者转换成令人不悦的东西，那就难以解释了。由此，弗洛伊德认为抑制是各种冲动之间的竞争，被抑制的那个冲动事实上就被意识拒绝或者忽视了[Freud 1984（1915）：147]。不管是否接受整个弗洛伊德的意识学说，他对抑制相关概念的解释还是很有说服力的。弗洛伊德认为存在“原始抑制”（primal repression），即抑制的第一阶段，在这一阶段，本能的“心理表征”（psychical representation）被否定了。接着就是“固有抑制”（repression proper），即影响抑制识别的衍生心理，而且，每一次识别的衍生心理据说都有其变化。然而，每一个抑制都潜在地受制于“置换”（displacement）和/或“凝缩”（condensation）。在“凝缩”中，被抑制的想法汇集了自身之外的各种因素。在“置换”中，被抑制的本能只是被置于另一个想法或对象旁——弗洛伊德举了一个动物恐惧症的案例[其实就是著名的“狼人”（wolf man）]，在这个案例中，患者抑制对其父亲的情感并将其转变成对狼的恐惧。然而，弗洛伊德最后并没说清楚衍生心理是什么，什么决定了某些特定的抑制，就和达尔文没能给出“使用”的明确说明一样。但两个人都坦承，具体的案例总是由多种因素决定的。

然而，很明显的是，抑制行为与焦虑一样，本质上是符号性的，它包含了一个“想法”以及与之相关联的东西。对于本能冲动，弗洛伊德语焉不详。如果脱离本能冲动的符号性，我们是无法真正去构想这个概念的，这可能就是精神分析能够或显或隐地促进社会文化思想的一个原因——虽然精神分析对心理学只产生相对小的影响。例如，在符号学领域，庞齐奥和佩特丽莉（Petrilli 2005；Petrilli & Ponzio 2015；Ponzio 1993，2006a，b；Petrilli & Ponzio 1998；Petrilli 2014）的研究中有一个核心但很隐晦的观点：资本主义和近来的国际交流已经在持续抑制对话，因为对话中的他者必定会提出一些要求对持续对话进行抑制，这也就阻碍了对方提出要求。一般而言，个体主义向来是资本主义的检验标准，但是，随着独白式身份（monologic identity）[①] 的推广，个体主义在资本主义晚期急剧发展。也就是说，一组动力因素被推进，而另一组则受到阻碍。

然而，符号学可以阐释在人们的日常互动和个体成长中明显的某种抑制；虽说这种抑制可能属于心理学范畴，可以用精神分析的推测性性病理学（the speculative sexual aetiology of psychoanalysis）来进行分析，但是符号学可以给这种抑制提供合理的演化基础。在总体上考虑自然的发展所受到的阻碍和阻断之前，还是得先说明自然抑制给文化带来重大影响，其中一个最明显的例子即人类发展过程中的非言语传播。尽管这方面的研究不多，但从幼儿学习字词、连字成句和最基本的句法阶段开始，我们就可以看出其中对非言语传播的明显抑制。事实上，为了确保儿童能够发展出使用语法的能力，语言治疗师和许多的“医学”测试设立制度来抑制儿童阶段的非言语传播。曾经也有人，如那些听障人士（Maher 1997）反对这种语言帝国主义并与之斗争。然而，即使是在他们的反抗中，也显露出了语言交流的倾向。一般来说，人类的非言语传播——如手势、人际距离、举止动作、乐律、身体变化中的视觉交流——都被视为口语的补充。正是这一事实，使得西比奥克（1988）对初级模塑系统的（再）构建让人惊叹。正如在第三章所讨论的，人类的“语言”包含一种内在的建模装置（朝向认知分化），这个装置已然适用于言语交流，但是在人类（从智人开始）200 万年进化历史中的前 120 万年里，这个建模装置也允许人类仅通过非言语手段进行交流。那么，文化中的“视觉”可以作为一个富有启发的案例，用来考察非言语传播所受到抑制，也可以弥补文化分析对非言语传播的忽视。此外，结合文化中的“视觉”来展开分析，也提供了一个契机，来重新表述整个自然中发生的抑制过程。

正如在前面章节中所提到的，符号学的确致力于对人工制品进行微观分析，然后从各种发现中推断相关人工制品及其分类，但符号学不只是这样的一门学科。从 20 世纪初期开始，包括对索绪尔《教程》研究兴趣的流行，各人文学科都开始从细读（close reading）中尝到甜头，符号学则处

① 与此处独白式身份（monologic identity）对应的是前文所谈到的对话式身份（dialogic identity），即有对话的主体和他者，独白式身份说明只有个体，由此让资本主义发展所带来的个体主义急剧化。此条解释供读者参考。——译者注

于这一潮流前列。然而，当代符号学，尤其是在生物符号学之后，并不仅有微观分析，还会从宏观上把握媒介、模态、体裁以及特定种类的符号过程，以及其中意义的组织。这一现代模式体现在，符号学不仅仅研究视觉制品（visual artifacts），更试图探索“视觉”（the visual）本身。当然，对此进行研究的除了符号学之外，还有其他学科，它们将“视觉文化”视为当代社会形态的现象特征。

20 世纪 90 年代，许多论者提出一种图像的而非“文本的”（textual）世界观，他们认为“作为文本的世界”被“作为图像的世界”取代了。一大批相关论著涌现，形成了“后现代主义思潮”，其中，许多人不遗余力推崇“图像理论”，通过发表论述来确证这个新时代是一个由图像主导的时代（例如 Mirzoeff 1999；尤其是 Mitchell 1994）。或许想让对视觉的强调看起来新潮，后现代主义与法国理论中的受虐元素（masochism）相结合，尤其是福柯的《规训与惩罚》（*Discipline and Punish*），这产生了马丁·杰伊（Martin Jay 1993）所谓的“视觉贬损”（denigration of vision）的全新版本。此外，弗雷迪柯·詹姆森（Fredic Jameson）的《可见的签名》（*Signatures of the Visible*，1990：1－2）一书在这方面堪称典范，引用如下。

> 视觉本质上是色情的，就是说，它的结果是迷人的、盲目的幻想；如果它不愿意暴露它的客体，考虑它的特征就成了此种结果的附属品；而最严肃的影片必然从克制自己过火的努力中获取力量（而不是从徒劳地规训观众中获取力量）。因此，色情部分只是整个影片的强化，它邀请我们凝视世界，仿佛世界是个裸露的躯体。[①]

这一多少较为明确的断言可能会让《牛津大傻瓜》（*A Chump at Oxford*，1940）或《罗生门》（*Rashomon*）（1950）的影迷们感到震惊，但是这个断言是典型的“视觉中心主义”（ocularcentrism），杰伊在法国思潮及其追随者中窥见这一主义。一边对无法逃脱也无处可逃的监狱极尽描述——很像电视剧《囚徒》（*The Prisoner*）（1967）的叙述——一边却又渴

① 此处翻译参考该书的中文译本，见弗雷德里克·詹姆逊：《可见的签名》，王逢振、余莉、陈静译，南京：南京大学出版社，第 1 页。其中，极个别遣词略有改动。——译者注

望着被否认了的狱墙外的世界，这一矛盾现实表现出受虐癖。这与福柯思想中的挣扎性是一致的，即在话语结构的全能性和对无政府 - 自由主义领域的渴望之间举棋不定；在无政府 - 自由主义领域中，话语律令（discourse decrees）这个概念是一种虚构想象（Eagleton 2003；Levin 1997）。“圆形监狱”（Panopticon）（Bentham 1995；Foucault 1977）不断地让“视觉文化”黯然失色，提醒着自启蒙运动之后人们所处的那个假想监狱，人们在其中受到完全的、受控制的监控。“视觉”被视为一种不可改变的技术，它的化身不过是电影《偷窥狂》（*Peeping Tom*，1960）中痴迷于镜头的凶手迈克尔（Michael）的翻版。

让我们将“视觉文化”、后结构主义和视觉中心主义的立场与经验丰富的新生儿研究者丹尼尔·斯特恩（Daniel Stern）的立场进行对比。在回忆起他是如何对人类交流的发生产生兴趣时，丹尼尔·斯特恩做了如下描述（1998：4）。

> 在我两岁的时候，我因为一次手术并发感染而住院好几个月。在那时，抗生素还不是特别有效，所以住院要住很长一段时间。此外，父母和家人的探视也比较受限。在那个年纪，我只会说少量词语，也不是很明白别人对我说的话。但是，我能明白正在发生着什么，这对我很重要。和任何一个在那样处境下的小孩一样，我关注着人们做了什么、他们怎么行动、脸上有什么神态，以及他们是怎么说话的。换言之，我关注着音乐而非歌词，因为我没法理解歌词。简单来说，我成为非言语内容的观察者和读者。很多事情都依赖于此。

这段回忆读起来让人心酸，可怜的小孩子只能自己找办法，但他也确实机敏过人，能在之后很谦虚地回忆这段非言语传播。“很多事情都依赖于此”，这句话指明了这里所讨论的非言语传播受到了第一次抑制。贬损视觉的流派及其同道主要将视觉等同于照片和电子媒介这些视觉技术，不时也饶有兴趣地涉足绘画和其他艺术相关的实践。荒谬的是，他们忽略了这一事实，即视觉技术只是视觉生物整个感知渠道中微不足道的一部分。当然也可以说视觉技术犹如一个极其重要的政治战场，尤其当它们被证明能够影响或塑造人们观看方式的时候。然而，理解视觉需要后退一步，以更宏观的视角来审视视觉技术是如何有效地为视觉物种工作的，忘记这一点实际上就是抑制了非言语传播。在这段引用中，斯特恩描绘的是一个非言语传播主导的世界，其中视觉对生存至关重要，而且很明显，视觉充分发挥了作用，但并非无所不能。

必然地，“视觉文化”及伴随其而来的观点——尽管还未消失，但现在似乎是已经过时了——在此被竖为一个“稻草人”[1]。然而，它们与视觉符号学形成了对比，二者的对比并不是为了来进行一次无关政治的、以文本为中心的和以自我为中心的阐释，而是重新评估视觉在人类符号过程中的作用。因此，一方面是视觉文化的思想传统和向度，它假定着话语和视觉暴政，伴随而来的是一个无政府自由主义腹地，然而按照这一思想的向度，是不应该存在着这样的一个无政府自由主义腹地。另一方面是视觉符号学这个迅速发展的思想向度，它能通达视觉嵌入到视觉感知渠道的整个领域——这个高度多样化的领域具备相关的形式和内容，并且通过那些最广泛的关系来决定一个物种怎么“看”。这个领域并不像人们想象的那样功能互补、可控，像一个精良的机器一般运作，相反，它存在各种沟通不畅的可能，并以碎片化的方式理解现实。这与全景敞视主义（panopticism）相去甚远。

非言语传播领域得到了充分的多样化发展，收获了一些关注；在最近几十年，出于历史和学术体制的原因，语言学和言语传播研究一直占据着主导地位，尽管如此，非言语传播领域仍然在学术界为自己辟出一片天地（可参考 Hall & Knapp 2013）。在大众的想象中，非言语传播被命名为“肢体语言”（很不幸的指称），并由此在文化及文化分析中占据一个显要位置。“肢体语言”是在 20 世纪 70 年代从商业手册和流行导览（例如 Fast 1970）中流传开来的。大众对其的理解默认建立在一个看法之上，即人们之间的肢体交流是高度符码化的，并遵循某一种“语法”。西比奥克（2001a）表明了这种看法是错误的，他认为要像拒绝用“花的语言”“猩猩的语言”等术语一样，避免使用“肢体语言”这个短语。当符号学家谈到非言语传播时，他们就承认了一个有机体内部，或两个及两个以上有机

---

[1] 英语中，“稻草人”（straw man）类似于偷换概念，即虚构一个论点然后反驳。——译者注

体之间的符号流通（Sebeok 2001a）。人类的肢体交流包含许多要素，最常见的就是手语（manual communication）或手势（Kendon 2004）。然而，也有身势学所认为的由肢体动作或姿势构成的“身势”（Birdwhistell 1970）。此外还有“人际空间距离学”（proxemics）所认为的“人际空间距离”（Hall 1966），包括身体朝向、亲密性和身体间的距离，这些被视为是人际交流的问题。非言语传播的这些关键特征与视觉领域的一般交流特征相结合，催生出了大量的媒介形式，包括一些媒介融合形式，例如剧院剧目就融合了言说（speech）、非言语传播（身体的、布景设计/灯光的等）以及言语传播。电影、电视以及歌剧等，尤其是歌剧，这些也融合了音乐媒介，它们都是高度融合的媒介形式（Sebeok 2001a）。然而，当观察到这些的时候，人们往往会忘记就这些媒介而言，非言语传播固有地存在于视觉中——或者说，正如视觉中心主义者所忘记的那样，视觉内在于非言语传播中。像《异形》（*Alien*，1979）这样的电影，其舞台布景的内饰由H. R. 吉格尔（H. R. Giger）设计，名副其实，极具特色，可以说该电影在叙事中传达出了很多内容。一部肥皂剧，例如《东区人》（*Eastenders*，1985），它的布景设计无疑在视觉上传达了大量特定电视形式所倡导的“现实主义”。

然而很难找到一种将媒介、非言语性和视觉领域三者集中起来的讨论。我们不得不回到一部基本被遗忘的经典著作：由吕施（Ruesch）和吉斯（Kees）所著的《非言语传播：人类关系的视觉感知札记》（*Nonverbal Communication*：*Notes on the Visual Perception of Human Relations*，1956）。两位作者开门见山做出如下论述。

> 传播的理论及系统研究存在严重局限，因为科学思考和报告依赖于言语和数字语言系统，但是，人类的交流却恰恰相反，它更多的与符码化（codification）的非言语系统相关。尽管大多数人熟悉支配言语传播的规则——逻辑、句法和语法——但是很少有人意识到适用于非言语传播的各种原则（1956：n. p.）。

正如他们所认为的那样，非言语传播虽然有很长一段历史，却没有像语言和数字系统那样发展出再现方式。就视觉艺术而言，在文艺复兴之前，基本上没人提文字表达，直到启蒙运动，摄影技术才首次使详尽地传播非言语信息成为可能。很明显，吕施和吉斯认为，启蒙运动时期的科学思想发展先后建立在书写和印刷基础上，并进一步强调了知识的语言/数字呈现导致有关人类传播的科学知识依旧匮乏，这一点让人沮丧（1956：12）。即使假定非言语符号在激增，从静照到动图，再到网络3.0，“文化正在变得越发视觉化”（例如 Ibrus 2014），这种看法可能对吕施和吉斯而言毫无意义。他们指出的问题还与学术界的学科和各学科领域的发展方式相关。

所谓的“视觉”，承载着一种奇怪但是并不少见的制度性宿命（institutional predestination），正如马钦（Machin 2014：5）的如下论述。

> 在一个新研究领域被“发现”的地方，可能会迎来一波新研究活动的热潮，对于那些局外人来说，这波活动看起来非常随意。这个新的先锋领域会出现新的网络领袖（network leaders）。新的术语将会出现，用来解释几十年前在不同领域已记录在案的相同东西……在我自己的语言学领域中，过去的十多年里，“多模态”这一专业领域已经见证了语言学家从他们自己的研究领域引进理论模型，来确定视觉的组成，即视觉语法（visual grammar）。很快我们就看清了，在很大程度上，这些学者耕耘的领域与一个多世纪以来的符号学相同，但是他们却并没有提出关于视觉符号本质的基本和关键的问题，后者在这个世纪之久的传统中，一直都是最基础的问题。

埃尔金斯（Elkins 2003；也被 Machin 2014：5-6 引用）直言不讳地指出他的领域所受到的伪限制，即这个领域被固定在一个理论家的小圈子里和一套强制的利益关系中，围绕网站、电视和静照摄影（still photography）的一些方面打转。然而，“视觉文化时刻”在学术界的这些不足仍然只是一个假想敌，正如马钦正确地指出，事实上，那些不足反映了大学、出版社和高等教育政策中的弊端。更严重的问题是新知识的发展受碍于学科保护主义和对整体论（holism）的有意忽视，对此马钦（2014：6，9）又进一步进行了解释。

> 除了分析其他传播模式、语言、声音和物质性之外，还要分析视觉的合理性和作用到底是什么。我们所碰到的大多数传播都是同时以不同的模式发生的……事实上，一个更宏观的视觉传播观是这样的，即要将

它和其他传播模式结合起来，而这就是人类行为和文化的研究。

实际上，马钦在这儿呼吁的研究方法和研究领域正是吕施和吉斯在他们那本经典著作里所勾勒出的学科原则，这让这一领域可以冠以“视觉符号学”（semiotics of vision/visual semiotics）或至少“符号学”之名。

如此一个“视觉符号学”要如何展开呢？当然，这个名称已经表明了一点，即这个学科是要寻求恢复视觉与其他传播模式的联系。可以说，第一步应当是往回看，以使生物符号学所提出的更广的、具有类别意识的视角更加适用。西比奥克正是以如此简明扼要的思路，勾勒出符号的信道，或者传播发生的信道。

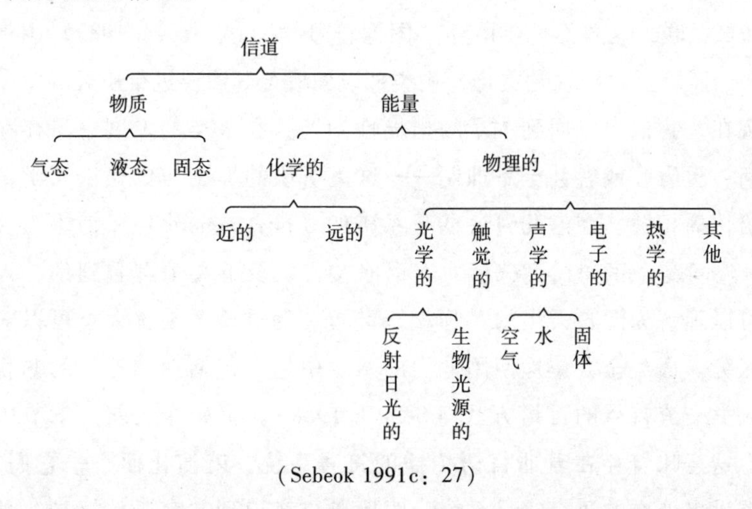

（Sebeok 1991c：27）

“视觉”可以在光学信道里找到，这是一种由光所引发的能量的物理呈现。其他信道（触觉的、听觉的等）则是由宇宙中其他现象所致。视觉符号学不仅要理解光信道的位置以及它的诸多关系，也必须去追问视觉研究中被引用的环境界的问题，承认人类不是唯一具有视觉的生物，除了要考虑人类的视觉和非人类动物的视觉之间的差异之外，还需要考虑二者的共同之处。因此，西比奥克也指出了符号的各种来源。

上图显示出了两种明确的划分，第一种是在有机物质和无机客体之间；第二种是在不具备言语表达能力的生物和现代人之间。然而，将不具备言语表达能力的生物和现代人联系起来的共性是他们既在有机体之间交流，也在有机体内部交流。那么，视觉符号学需要关注各组成部分之间/有

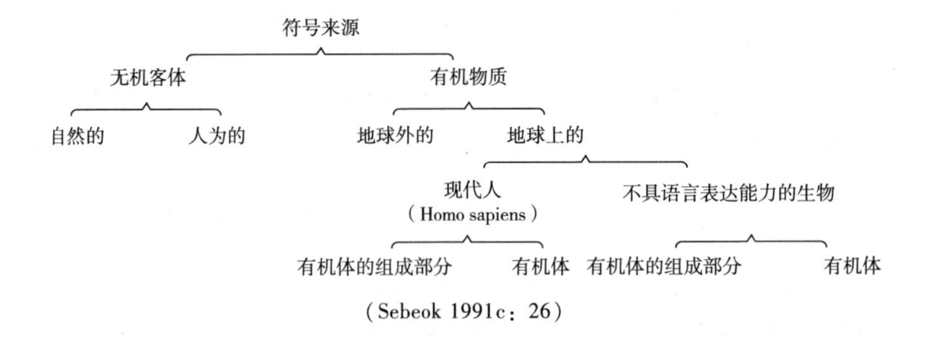

（Sebeok 1991c：26）

机体之间的符号行为生态中的视觉制品。或者，用更容易理解的方式来说这个问题，正如马钦所提倡的，视觉符号学将研究视觉制品如何与它周围的交流传播域关联，这并不是要抛弃“图像符号学”（Sonesson 1989）中最丰硕的成果，而是要对“视觉文化”中类似以偏概全等谬误进行质疑。

现在，我们可以回到本章的指导性问题：在人类的发展中，存在着自然阻断、阻碍，或者甚至是抑制——这里所说的抑制与依赖于光学信道的非言语传播相关。在这儿讨论的是系谱的（phylogenetic）和个体的（ontogenetic）问题。正如在第三章、本章前文，以及下文中可看到的，人类环境界可以理解为源自天生的“模塑”装置，通过这个装置人类可以对世界进行区分。人类全方位地使用他们的感觉中枢，包括动物符号的非言语方式和人类交流符号的言语方式（Sebeok 1988）。正如在之前的章节中所看到的，这意味着存在着非言语传播的符号系统，就演化而言，它们先于，并且催生出外在的语言符号系统。西比奥克意识到非言语传播是一种所有生物都具备的适应性交流能力。所以，在这个模塑系统的发展过程中，随着一种模式转向另一种模式，某种东西必然消失。根据自然选择理论可知，消失的是那些没有随着环境的改变而改变自己适应特征的物种或物种成员。然而，生物符号学历来批判自然选择理论中这种无情的机制。和新达尔文主义相反，生物符号学假定演变进程中存在符号自由和学习因素。例如，霍夫迈尔提到了科学家将人造甜味剂而不是葡萄糖放置在趋化细菌细胞的环境中的实验（2010b：164）。

> 在这样的情况下，似乎可以说细胞误解了它所处环境的化学符号。这样的误解是很危险的，所以自然选择倾向于采取各种可以帮助

有机体更好地理解所遇情况的解决办法。事实上，选择适应更复杂形式的符号自由来参与进化，即通过形成（局部）“有意义的”解释项来增强回应各种符号的能力。符号自由（或解释）使得一个系统可以“阅读”周边的各种“线索”，并帮助其提升适应性。因此，有机系统的符号自由度倾向于从温和的开端（modest beginning）——如我们在趋化细菌中所看到的那样——不断增强；正如在传统上定义复杂性那样，要证明复杂性系统地增加并非易事，因为有机系统的符号自由事实上伴随着演化进程。很明显，在之后的演化阶段，符号复杂性或自由度的确达到了更高的水平，整体上，鸟类和哺乳动物中的更高级物种在符号上都比较为低级的物种更复杂。

演化进程中的支架搭建过程具备这种符号自由特征，即有机体“搭建”了和环境的关系。霍夫迈尔进一步发展了这个概念，将其延展到符号互动网络当中，并认为这种互动将有机体和它的环境界结合起来，说明了符号自由是如何促进感知和行动过程的。正如在第四章以及上述内容中所说的，有机体接受那些适用于感觉中枢的符号，然后再生成或流通这些符号，在这个功能循环中，有机体把支架的各个部分“搭建”起来，产生特定的可再生的“意义”。正如霍夫迈尔（2010b：164）所解释的，搭支架的过程（符号自由穿梭其中）包含某种类似于“目标”的东西。

对有机世界的符号自由加以考虑，会极大地变更对突现进化（emergent evolution）的解释。因为符号自由可以动态地自我扩大。细胞或个体组合中的交流模式，起初是正常互动中反复试验后的一个简单结果，并以此经受住长时间的考验。如果这样的模式对细胞或有机体群体有益，它们可能最终会通过之后的突变而被构建进支架。通过“半－鲍德温式（Semi-Baldwinian）”机制，演化过程将进入曾是禁区的领域并直达目标。

因此，有机体的生存、进化，及其在环境中的改变，都有赖于有机体的符号自由。

然而，在呈现一个功能过程时，上述描述常常忽视预期机制（forward-looking mechanics）的可能阻碍或附带结果。那么，两个选择中取其一的这类情况又是怎样的呢？毕竟我们不得不丢弃一些东西而留下另一些东西。有时，丢掉某些东西对我们有好处，例如不好的回忆（Ritchie et al 2015）；有时，留下的某些东西会带来有害的后果。这个问题必须在生物符号学领域进行考虑，因为别的不说，它是能动行为的一部分。符号自由必然包括选择一种路径而非其他路径。在研究这种自由时，便需要调查那些被拒绝的选择（以及为什么被拒绝），尤其是它们之后可能会再次成为选择，或者有机会被有机体重新考虑或重新选择。很明显，在传播的系谱发展中，人类交流对所使用的线性语言的选择，即联适应（exaptation）很重要。它绝非要把非言语传播比下去，也不是要把非言语传播贬为现实中的辅助角色，但是它的确造成了对言语的偏向和对非言语的忽视。这种忽视实际上是驱逐了非言语传播，后者对于早期原始人祖先来说，或许能被注意到，而对我们来说，却很难为我们所意识到。

从人类个体成长对非言语性的抑制，就可以看出非言语传播的宿命。在婴儿阶段，婴儿基本上仅依赖非言语符号。他的环境界在适应言语符号，因为这些符号会在环境界中流通，但是婴儿自身还没有发展出这些同类型符号。对婴儿而言，正如上面斯特恩所说的，许多事情都依赖于非言语传播。大概 18 个月大时，按照预期速度发育的婴儿可能会开始使用初级的表达和句法。正因此，人们通常在这个时候测试他们言语能力的发展，比如在欧洲，这主要是由公共健康系统负责。如果测试显示小孩出现了一些表明他们存在听觉或认知问题的症状，即他们没有按照预期的那样正常发育，人们可能会对他们进行早期干预。在英国，对 18 个月大的婴儿进行的测试，主要内容是读写能力、语法和句法知识，测试方式包括观察小孩的专注能力，但焦点还是落在小孩对词语的理解能力，以及最重要的连词成句的能力上。然而，以下这些能力却并不进行测试或观察：绘画、手势、唱、身体空间感知、节奏、模仿等。小孩子行为和注意力不可预知，这将意味着即使是在测试的控制环境中，以上技能中至少有一个一定会显现在小孩身上。然而，这样的技能不是这个测试的焦点，也不被看作是认知潜能的指标。

18 个月之后，婴儿与生俱来的非言语传播能力并不会简单消失，这一点可以由舞台魔术师的表演确证。他们凭借巧计、骗术（legerdemain）和变戏法（prestidigitazione）这些看似神秘的机制表演着魔术，让观众们叹为观止。然而，就魔术师来说，这些戏法基本上是因为他们对非言语能力的精湛掌握，就观众而言，他们早已忘记了那些“曾经会的”非言语艺术。因此，狮子可以通过重复学习空间距离的细节之处而被驯化。当一个不经意的手势分散观众注意力的时候，一个硬币就被秘密地放进了口袋。魔术师可以仅仅通过对观众身势的“肌肉阅读”，就预测出他的答案。观众本可以发展出魔术师所具备的这些技能，但是，如果他没有像魔术师那般的付出和专注，拥有这些技能可能需要一辈子的时间。

我们可以合理地假设，在系统发育的某个特定阶段，人类视觉领域更适应于人类环境中的非言语传播。自线性言语出现之后，人类成为拥有言语兼非言语模式的唯一生物。因而，前文提到，马钦哀叹因学术研究目的而将这些模式区分开来的做法，在这一点上完全恰当。只关注一些视觉技术装置不仅无益，而且也不符合实际，因为有如此多的“视觉技术”已经是集“语-听-视”为一体了。此外，这种固化也掩盖了一个事实，即视觉领域不可逆转地嵌入到普遍意义上的非言语传播的整体领域中［这也包括大量人眼看不到的交流（transactions）］。而且，所有这些情况都面临一个困境：系统发育和个体发生对非言语传播的抑制，本质上是存在问题的。将“视觉”孤立开来，并将其视为一个（半）自动运行领域（或者更有问题的是用语言原则而非一个共同的原始模型来决定“视觉”）是一个严重错误。正是这个错误产生了“视觉文化”的概念，并糊里糊涂地断言文化在变得愈发视觉化。

非言语传播在特定语境下让交流更加有效，由此可以说它有助于物种的生存。除此之外，在面对言语性的“取代过程”时，还有一个理由让我们坚持使用非言语传播，那就是非言语传播常常让人感觉愉悦。这一点很明显，因为在如魔术表演、音乐、“智力”动物的光辉事迹（例如“聪明的汉斯”），以及视觉训练（Cobley 2011）的基础推理——试推法（Peirce 1929；Sebeok & Umiker-Sebeok 1980）等方面，非言语传播都扮演着突出的角色。每一个行为都带有对抑制的对抗，每一个行为都至少短暂地释放了人类潜能——但因为人类选择了言语路径，这些潜能只是极少地残留在身上。当然，抑制不仅仅是为了抑制愉悦而存在，大量的抑制促使人类交流传播，并由此形成社会。事实上，这正是弗洛伊德在他后期的一些著作中所表明的立场［Freud 1985（1930）］，如《文明及其不满》（*Civilization and Its Discontents*）——尽管在这方面他的悲观预言并不是决定性的。当下的问题既涉及对“坏”的、令人不悦的东西的抑制，也涉及对“好”的，令人愉悦的东西的抑制。特定的某种抑制是主体行为的一部分，因此，生物符号学必须对其加以考察。符号自由必然涉及选择一种路径而非另一种路径。

生物符号学需要考虑这种抑制是否发生在人类特有的符号自由层面上，或是否在低等有机体中存在。当然，有机体可及的符号自由程度与所剩下的、没有被选择的路径、没有实现的行为成比例。然而，问题仍然是哪些有机体能实施上述的抑制。在皮尔斯以及西比奥克的一个脚注中，我们也许可以发现一些线索。西比奥克（2001b：96）提出以下问题：“驯服/训练/驯养”（taming/training/domestication）这三类行为中的单向行为学内涵是否可能类比为皮尔斯的第一性/第二性/第三性三个范畴，这些是否呼应了查尔斯·莫里斯提出的符号学分支，即符形学/符义学/符用学（syntactics/semantics/pragmatics）？西比奥克的这个讨论意味着抑制本能是动物被驯养的必要条件——但这并无新意。有点新意的是，抑制以某种方式包含在第三性中，并作为第三性的解释项，产生出一些新的符号而不是其他符号；呈符（rhemes）抹去了它们在质符（qualisigns）中的来源；归纳推理掩饰它的试推推理基础；传播语用助益了某些阐释或取效行为而非其他；第三性，或者朝向第三性的运动，似乎就含有抑制，后者仿佛是它天然的构成部分一样。然而，仍需要明确什么是闭合（occlusion），什么是嵌套（nesting）。例如，指示符并没有真正的闭合，它们嵌套在象征符（symbols）中。也许这就是在语言传播中遗留下非言语成分的线索。

有关生物符号学和抑制，还有一个重要问题需要考虑，即在非自愿伦理（在第五章有讨论）意义上对“连续性”的抑制。动物们在抚养过程中会表现出与自我保护同样重要、甚至更重要的对后代的“本能”保护。在这一方面，后代不再只是一个“他者”，还是作为自我的一个重要延伸而存在。当鸟儿离巢，或食肉动物的后代去为自己猎食，或者当人类进入青春期时，上一代就需要抑制住后代与自我的延伸关系（尽管大多年老的人类父母证实这种抑制从未完全生效）。从系统发育的角度来看，人类与地球上所有的有机生命在“血缘关系”上似乎都经历了类似的抑制过程——

也许这对食肉和食草动物来说是必要的，但是，正如家养宠物或者园艺所证实的那样，这种抑制远非绝对。最终，迪利（Deely）等人（2005）想强调的点即承认生命域中的连续性，尽管它被一种有意的“伦理”程序所笼罩（见上第五章）。该概括性的论点正是来自符号自由这一生物符号学概念以及符号自由所受到的约束。

正如上述第六章所讨论的，符号过程并不意味着有效的最强解码过程（导致完全的符号复制过程）。事实上，大多数符号过程都只与局部的（local），而非全局（global）的解释相关，它可能包括有瑕疵的意识、记忆、分类、模仿、学习和传播，远非以完全可预测结果的方式推进，看似机械的过程显露出它们不完整的特性。迪肯（2012a：104－107）举了计算机宕机的例子，计算机因当下的运行有漏洞便会进入到无限的机械运作过程中，用户对这一问题的反应通常是关掉计算机然后重启。对此迪肯做出如下解释（2012a：104）。

> 如果来自系统外部（即在给定计算解释的机械理想化状态之外）的干扰能够改变计算的基础，那么计算就不可能是所有事物的固有特性。

因此，可以总结说，计算是基于对物理过程的理想化而形成的对意识的一种理想化。当计算机操作受阻或无法运行时，就要对计算机的机械运行进行外部的、简化的限制——开启、关闭计算机。正如迪肯（2012a：105）补充说的，“注意没有发生的才是逃出这种概念牢笼的关键”。什么构成了这些限制？想当然的答案是“人类的大脑”，但是正如迪肯所观察到的，这只是“推脱了解释的责任”，是将责任再一次推脱到“演化”和“自然选择”上。需要接受的是，真实世界的物理和化学现象并非像不时出现漏洞的计算机那样机械运行，而是像一个漏洞所暗示的那样杂乱无章地整体运行。这种模糊性在上一章讲到符码时有详细探讨。用迪肯的话来说，杂乱无章不仅符合热力学第二定律①，而且是一个“内意向性”（不完备性）

① 热力学第二定律，也称熵增原理，是阐明与热现象相关的各种过程进行的方向、条件及限度的定律，即任何孤立的系统自然地倾向于转变成无序的状态。（参考来源：百度百科、维基百科）——译者注

的问题，它将各种现象组织起来以获得某种并非现象所固有的东西。

在迪肯关于自然中内意向性的论述中，约束这一概念非常重要，正如他总结说的（2012a：538），“思维并不完全产生于物质，也产生于对物质的约束”。先撇开那些宏大的问题，我们发现，约束这一概念对生物符号学和文化都有其意涵。正如迪肯所认为的（2012a：191－192），约束“是秩序、习惯和组织过程（organization）的一个补充概念，因为它通过排除来决定一个相似类别”。这里有一点很关键。

> 约束这一概念并不把组织过程视作一个过程的附加物，或一个要素集合的附加物，它不是凌驾于这些成分以及这些成分相互关系之上的东西。然而，它既不将组织过程贬到一个单纯的描述性层面，也并未将有具体组件的组织过程和组件之间一一对应的关系混为一谈。约束是本应该在场但不在场之物，与是否被观察记录到无关（2012a：192）。

正如皮尔斯对习惯的看法，就因果关系而言，约束与组织过程——而不是任何特定的基质——是最为相关的。迪肯写道：“因此，在所有其他条件等同的情况下，以及无论为什么被限制（restricted）时，‘constraint’这一术语表示被限制或比可能性更稳定的属性。”（2012a：193）

迪肯以两个例子来说明约束，一个是急流的小河如何形成稳定的漩涡，一个是一片雪花如何生成对称的六边形但形状仍各不相同。根据第二个例子，雪花在成形时，它的边角“逐渐限制新的生长位置”（Deacon 2011），这样一来“约束反映的是不在场的事物，而某个事物越受限制，它就越对称规整”（2011）。这已经是对恒定性的图景更为细致的描述，超出了符码甚至习惯所允许的程度，似乎也重塑了目前对抑制的讨论。不同于“信息理论”版本的约束，迪肯提议的是一种恒定性，这种恒定性具有再创“自创能力”的能力，其中，“自我”作为“一个内在的倾向，在面对熵增带来的破坏，以及环境带来的干扰时，仍保持独特的完整性”，这个“自我”与西比奥克的“自我”（见第四章）相差不大。最后，迪肯将动态自反性和约束作为目的动态性系统（teleodynamic system）的特征（2012a：510）。然而，总体上，“约束－维持过程”给主体的恒定性功能带来启发，因为主体是“一个固有的目标导向过程的最简范例，这个过程的最根本目标是维持自我”（Deacon 2011）。迪肯认为，尽管约束和秩序两个概念有相关，然而二者不一定能整合为一体。

正如在一个杂乱无章的房间里，秩序通常都是从观察者的期待和美学品位的角度来定义的，相较之下，约束可以被客观地、清楚地评估，也就是说秩序和约束是内在相关的两个概念。无论特定观察者的喜好如何，某事物如果体现出了更多的约束，它就会被认为更加有秩序。如果某事物更加可预测、更加对称、更加相关，并因此在一些特征上更富冗余，我们倾向于说这些事物更有序。约束达到了使多样性减少的程度时，特性中的冗余就会更多。任何变化都是如此：当某个过程在其参数的有限价值类型中更受约束，或者在它能变化的多种维度上更受约束，那么在可能性空间上，它的布局、状态和变化的路径会更容易接近之前的事物（2012a：195）。

正是基于这个原因，迪肯认为约束这一概念可以代替习惯这一概念。

从动态（dynamics）和约束来重新审视现实主义/唯名论的辩论，就不需要引用抽象的一般概念，如组织过程，也不需要涉及简单的特定对象或事件（不在组织过程中）。一般概念和特定的对象/事件，这二者都是由于我们对事物的再现而进行的简化，而不是事物本身。事物存在于变化的过程、这些过程所体现的约束，以及统计平滑（statistical smoothing）[1] 和吸引子（attractors）[2]（由于自我组织过程而形成的动态规律性）当中，它们包含约束遗留下的各种选择。

或者，正如迪肯所重申的，关键问题在于什么“不在场”。

---

① 在计算机科学中，有一个接近本引文中所说的 statistical smoothing，即 data smoothing，数据平滑，指的是“在参数估计中为应对数据系数问题而采用的方法。主要思想是将整个概率空间中的一部分概率密度按照一定的策略分配给低频率稀疏事件，以使得在稀疏条件下估计出的概率分布更加可靠”。参阅计算机科学技术名词审定委员会：《计算机科学技术名词（第三版）》，北京：科学出版社，2018 年，第 320 页。——译者注

② 吸引子（attractor）是微积分和系统科学论中的一个概念。一个系统有朝某个稳态发展的趋势，这个稳态就叫作吸引子。吸引子分为平庸吸引子和奇异吸引子。（参考百度百科，参考日期 2023 年 2 月 22 日）——译者注

鉴于之前对人类非言语符号过程中有关抑制的讨论，我们可能需要修正对抑制的评估。抑制似乎意味着束缚某个需要自由的实体。它预示着如果没有抑制，我们可能就会进入到某种无政府自由主义的腹地。如果对抑制的这一解释并不让人满意，在研究抑制的文化意涵之前，或许还有另一种解释原则，它的关键在于避开纯粹的功能主义影响。约束这一概念似乎适合这第二种解释方案。一方面，它的确看起来解释了仅仅是“成功的”过程。

> 最终，正是约束条件的产生和扩展使物理工作成为可能。例如，内燃发动机里含有膨胀气体，仅从一个方向来限制气体的膨胀，就能控制能量的释放并在其他系统上运作，比如驱动内燃发动机机车爬上一个陡坡。因此，认为约束对因果关系的解释很重要，并非意味着倡导对因果关系的某种神秘化（Deacon 2012a：203）。

然而，另一方面，迪肯为这个陈述加上了一个关键的结束语，认为它不仅说明了什么在场，也指明了与缺失的事物所构成的抵消过程的本质，即“我们可以对因果逻辑做出如下的重述：在一个过程中，带来改变的选择如果减少，就会导致基于这个过程的另一过程中的选择减少得更多”（2012a：203）。正如雪花和杂乱无章的房间，二者要获得更大程度的规整性是有代价的。

毫无疑问，约束产生冗余的方式会给文化带来很多启发。下一章我们将会讨论，如果没有理解约束对自然中的文化部分所具有的核心作用，会面临什么样的后果。文化必然是内意向性的，文化中“不在场”的，即文化的“无意义”，可能正是进化的意义所在。

第八章

人文学科的自然性

与迪肯所说的处于文化的约束中不同，当代世界存在着对文化的真正约束。人文学科正因为缺乏实用性而受到攻击。面对科学、技术、工程和数学（STEM①）中所认定的实用性，人文学科被认为水准有待提高，越来越被要求展现直接的经济使用价值。人文学科的批评家们认为，中世纪历史等学科领域神秘莫测、过于专业化，脱离残酷的经济现实，而这些经济现实在当代生活中应当是至关重要的。

符号学尽管具有一些科学实用性意味，但并没有因此幸免诘难，而是被指责过于笼统，就像人文学科被指责过于专业化，没有可证明的实用性一样。在这里提出符号学和人文学科之分，并不是要依赖这个区分，而是将这个区分作为一个出发点，来讨论人文学科下意识地自我防御的窘态，对文科教育受到的普遍攻击做出更细致的回应。这种回应或许可以从生物符号学中得到决定性启发，并被置于理解人文学科意义问题的核心位置。人文学科以及开设这些学科的大学不断受到挤压，即使是在面对过去15年里发生的两大关键事情时也是如此，这表明人文学科急需对攻击做出更令人信服的回应。

首先，在9·11事件之后，人们普遍认为恐怖主义者以纯粹工具性的方式利用教育。《9·11委员会报告》详尽地列出了事件主要谋划者们曾就读过的大学和专业，其中，除了汉尼·汉约（Hani Hanjour）曾旅居美国

---

① STEM即为science、technology、engineering、mathematics的首字母缩写。——译者注

学习英语并在之后学习飞行课程之外，所有的谋划者都有学习过科学技术（Kean et al. 2004：160 - 165）。有些人曾指出，在参与恐怖袭击的人中，确实有很多以前是工程专业的学生（Popper 2009；Gambetta & Herzog 2007），这最终引向了这样一个问题，即“是否在工程学教育中，例如9·11事件的袭击者穆罕默德·阿塔（Mohamed Atta）所接受的工程学教育中，缺乏人文学科教育中的某样东西，致使受教育者对他者缺乏同情心?”（Bryson 2010）。其次，2008 年的金融危机突显了商学院中的许多顽疾（见Ghoshal 2005），这些顽疾集中体现在商业教育的去人文性过程中。随着这场次贷危机在世纪之交全面铺开，许多人呼吁人文学科的复兴，并建议将文科融入商学院教学体系当中（例如 Colby et al. 2011）。

然而政府对这些考量无动于衷。例如，在 2010 年后英国保守党政府推出的政策中，一个关键内容就是通过提高人文学科的学费来削减对高校人文学科的资助。人文学科作为一个整体未能阐明在当下环境中提升思想水平所具有的价值，这令人担忧。如果从生物符号学的角度来讨论这个问题，我们将能看到前几章中提到的文化意涵。这些文化意涵被工具性政策制定者所忽视，但也被人文学科史上自认为对文化有最大兴趣的人所忽视。

人文学科的“兴起”最早可以追溯到西塞罗（Cicero）的 humanitas 概念，即“良善”（being good）。后来，在西方教育中，人文学科继续发展，尤其是中世纪哲学学院中的三艺（文法、逻辑、修辞）（trivium）和四术（算术、几何、天文、音乐）（quadrivium），包含了人文学科和自然科学，并与专业学科（医学、法学、神学）相对。然而，我们最为熟悉的近现代人文学科形式是 19 世纪西方教育的产物：它们与那个时期工业社会中的自由主义霸权齐头并进，并通过对商业资产阶级与公民进行何为文明和“良善”的教化，为再生产做出了贡献。同样，当时的哲学学院包含了人文学科和科学学科（美国的文科课程仍是如此）。直到 19 世纪下半叶，自然科学才开始独立。面对自然科学的兴起，人文学科在这个时期可以说是持续衰落（Kagan，2009）。近几十年来，西方政府通过操纵经费，在学术界推广 STEM，这期间人文学科的衰落最为迅速。

就商学院而言，在晚期资本主义诸多危急时刻，人文学科所认定的人文价值被反复确证。在冷战时期，麦卡利斯特（McAllister）的准民族志研究《企业高管和人文学科》（*Business Executives and the Humanities*，1951）向重视新员工的文科/人文背景的管理者建言。之后，卡耐基基金会（Carnegie Foundation）研究（Pierson 1959）和福特基金会（Ford Foundation）研究（Gordon & Howell 1959）回应了这些愿望和要求，每个研究都与商业和高等教育有关。在里根时代，美国大学商学院联合会报告（Porter & McKibbin 1988）发出了类似的声音，美国学术协会理事会报告（1988）也随之而来。到21世纪初期，商学院似乎在全球范围内爆发了一场全面危机，无数的批评家号召商业教育再度人文化，其实现方式通常是设定必修的人文学科模块，前文已经提到了戈沙尔（Ghoshal 2005），在他之前的普菲弗和方（Pfeffer & Fong 2002），以及明茨伯格（Mintzberg 2004）都可以算在内，之后还有本尼斯和奥图尔（Bennis & O' Toole 2005），斯塔基和坦皮斯特（Starkey & Tempest 2006），斯塔基和提拉所（Starkey & Tiratsoo 2007），摩尔斯和罗维拉（Morsing & Rovira 2011），以及一些对商学院毕业生的不佳实践表现进行报道的媒体人员（Feldman 2005；Blasco 2009）。在这一思路下，最近的一个里程碑是《卡耐基报告》（*Carnegie Report*），该报告（Colby et al. 2011：5）总结到，“和所有本科生一样，商科学生需要掌握多元思考和行动的能力，这是当代世界的突出要求。”报告认为人文学科要培养的多元能力正是商科毕业生所缺乏的，而这种能力也是宗教激进主义者——尤其是那些可能实施恐怖袭击的人所缺乏的。

如果情况还不够明确，那么我们再看看过去十年里西方的大学整体上经历的一场大危机。在另一部稍显“虚构化”的民族志里，塔奇曼（Tuchman）和瓦纳比（Wannabe）（2009）简明扼要地说明了这场危机的一些节点，在这些节点上，管理阶层和知识阶层对立，“去专业化”困扰着大学教授，就像“去专业化”影响着律师和医生一样。管理人员平步青云，缺乏专业背景的会计蜂拥而至，纷纷出现在大学工作人员的名单里（毫无疑问，是在商业教育遭到反对之后），这些人天真地问出“大学为何”这一问题，也就不足为奇了。除了询问是否真的有必要为大学聘请某些教授和购买某些设备外，会计师们也必然会质疑某些学科领域是否会对直接经济增长做出贡献。正如科利尼（Collini 2012：144－145）的如下论述一样。

> 在争论中出现了一个完全虚构的地方，我们称之为“真实世界”(the real world)，它是更为怪异、奇特的人类想象的产物。这种奢华而又缥缈的幻想与你我生活的现实世界（the actual world）截然不同。在我们所熟悉的现实世界里，形形色色的人做着各种不同的事情——有时享受工作，有时文艺地表达自己，有时陷入爱河，有时告诉自己如果不笑就会哭，有时思考意义等。但是在这个被虚构出来的“真实世界”中，住着的只有板着面孔的机器人，他们一心赚钱、工作，然后死亡。事实上，我所阅读过的对“真实世界”的虚构描述似乎从不提及死亡，或许是因为人们担心如果这样做，可能会导致机器人暂停工作，开始表达自身、陷入爱河、思考意义等，一旦发生这种情况，“真实世界”就不再特殊，而是和我们习惯的普通的旧的世界一样了。就个人而言，我从未把这个所谓的“真实世界”当回事。很明显，这是远离现实的商人们的心血结晶，他们生活在自己的象牙工厂里，与你我这样的普通人所关心的事情脱节。他们应该多出去走走。

科利尼是对的。事实上，他特有的洞见应该作为标准用来反击那些躲在精明而务实的“真实世界”神话背后的蠢蛋们。然而，正如将要论证的那样，虽然科利尼雄辩地捍卫人文学科，认为人文学科在大学的危机中是有价值的——因为它们“本质上”是好的或有趣的，但是，单凭这一点仍是站不住脚的。

在过去的几年里，面对攻击，除了科利尼之外，许多人文学科的代表人物都为人文学科做过辩护，但通常只是将自由主义霸权观点稍加修改。然而自由主义近来也试图谴责人文学科，好一点的情况是边缘化人文学科，坏一点的情况是完全忽视人文学科。因此，人文学科被其捍卫者称为价值观的宝库（McDonald 2011），或者更尖锐地说，其中的价值观是“好的”价值观，而不是“当前会对不稳定的世界产生毁灭性后果的价值观”(O' Gorman 2011：281)。有人称，人文学科教会人们如何生活（Andrews 1994：163），总结集体体验（Bate 2011：66），维护民主（Nussbaum 2010）和文明（Watt 2011：205）。在民族语言、伦理和多文化主义的交汇处，拯救人文学科的自由抗议（liberal protestations）进一步发酵。这一主张认为其他语言丰富着我们的文化（Kelly 2011；Freeman 1994），允许我们以某种方式了解“他者”，至少为道德立场提供了平台。人们认为，人文学科对多样性的发展至关重要——教导学生和不同于自身的人合作（Tuchman 2009：208）——与一些商学院的做法不同的是，人文学科存在的本质就是反对去人文化。与心理学家如津巴多（Zimbardo）和米尔格拉姆（Milgram），以及商学院出身的优秀商科教育批评家，如戈沙尔（2005）和迪·乔治（De George 1994）的理论观点相呼应，努斯鲍姆（Nussbaum 2010：23）坚称“如果你未曾学过用其他的方式来看待人，就更容易将人视为要去操控的对象”。有些观点，对人文学科的态度夸张至极，反而暴露了其观点基础之薄弱，让人觉得荒唐，比如广播员、学者玛丽·比尔德（Mary Beard 2011：26）谈到保护古典文学的理由是它“确实是英国人擅长的一门学科”，帕克·皮尔森（Parker Pearson 2011）对考古学的看法和霍华德（Howard 2011）对英国学术界的评论也都如出一辙。

相比之下，从人文学科的定义中衍生出一个崇高的立场，即促进和谐或反对去人文化，该立场中对人文学科的直接使用价值的讨论被否定，取而代之的是对其内在价值的微妙表述。贝特（Bate 2011）指出，人文学科的价值不能像科学发展转变成科技进步那样被直接计算出来。贝特（2011：2）认为，随着9·11事件及伊斯兰宗教激进主义的复活，“20世纪80年代早期高等教育资金大幅削减，人文学科作为所谓的边缘领域受到了特别严重的影响，如‘伊斯兰研究’，这或许是不幸的”。同时，更为坚决的是费什（Fish 2008：14）对回应挑战的拒绝。

> 对于“人文学科有什么用?”这一问题，唯一坦诚的回答就是没有任何用处。这是一个为其主题带来荣耀的答案。毕竟，解释正当性需要从某一活动表现之外来赋予其价值。一项活动不能被证明其合理性，便意味着它拒绝将自身视为促进某种更宏大的善的工具。人文学科就是自身的善。没有什么可多说的了，无论说什么……都会削弱它所赞美的对象。

一些人以科学和商业的某些领域为例试图为人文学科提供“效果”或

“结果”，以上的拒绝正是费什对这些人的回应。然而，这是一个与其他认为大学面临着毁灭性威胁的当代评论者（参见 Collini 2012）有着广泛共识的观点。

我们有必要弄清楚这种关于人文学科争论的终点。费什以及其他一些人似乎都认同那个众所周知的旧观点，即“为知识而学”（knowledge for its own sake），这一观点在大学学位审核和认证过程中很常见。虽然这是一个有价值的愿望，但严格来说，它只是知识分子的世外桃源（the Land of Cockaigne[①]），是有产者的私人领地。同样，视人文学科为文明教化工具的观点，虽不那么尖锐，但却同样是以个体主义和人本主义等为根基（比如“为知识而学”），最终弄巧成拙。塔奇曼（Tuchman 2009：208）认为人文学科促进多样性，并教导学生和不同于他们的人合作；奥·布莱恩（O'Brien 2010：ix）和努斯鲍姆（2010：7）坚称人文学科对民主至关重要；普荷斯（Puges 2011：61）宣称人文学科有助于理解其他文化和经验，使人们能够保持开放的心态。然而，所有这些论点都是功能主义的。他们将人文学科视为社会工具，而不是人类作为一个物种在认知行为上的必要延伸。一个明显的例子是“跨文化交流”，这是一个在传播研究中值得称赞的领域，但在上述功能主义的论点下，“跨文化交流”迅速被指认为一种管理工具，和当下“道德”及“多样性”的境遇如出一辙（Nelson et al. 2012）。不难得出这样的结论：“人文学科是一种经常被过度使用和推销的商品，尤其是在文科学院院长以及教育部长的手中”（Solomon 1994：48）。同样显而易见的是，这种被过度吹捧的人文学科并不一定为在该学科任教和著书的人所熟悉。

在对商学院实践的批评中，戈沙尔提出这样的问题（2005：83－84）。

> 为什么视人类为纯粹利己主义的悲观思维模式仍然主导着管理学的相关理论？答案不在于证据而在于意识形态……而意识形态的问题根源在于休谟（Hume）、边沁（Betham）和洛克（Locke）等人所阐述的激进个体主义哲学当中。

---

① Cockaigne，安乐乡，欧洲中世纪传说中的一个极度舒适和富裕的神秘之地。参考《大英百科全书》，链接 https://www. britannica. com/topic/Cockaigne。——译者注

正如本文所论证的那样，戈沙尔还指出，如果有人希望解决意识形态问题，包括试图最终驱逐人文学科的意识形态，那么人们最不想咨询的人就是人本主义者。人们从属于所谓的“真实世界”，必然就需要去人文化（de-humanization），后者是合乎意识形态逻辑的产物，在这种意识形态中，人类被迫不惜一切代价作为个体实现自身。阿尔都塞（Althusser 1969）许多年前就强有力地指出了这一点。然而，在人文学科之外，这个假设并没有被削弱，即人文学科是基于并产生于人本主义和个体主义的。

然而，可以确定的一点是，人文学科并不一定是人本主义的。事实上，人本主义所发现的那些普遍的、不断丰富的美德，一再地被后殖民主义（postcolonialism）等领域斥为具有压迫性。传播、媒介和文化研究或隐或显地不断挑战着这座以“至善”为标准和权威的人本主义大厦，引出一些关于当代身份碎片化的问题。符号学也在做着这样的事，但更加系统，且致力于跨学科研究，而不是下意识地蔑视科学。现代人文学科景观中的这些特征并未根植于人本主义的文科范式，反而是融入许多其他的途径和领域中：社会建构主义（social constructionism）、后结构主义、解构理论（deconstruction）、后人类主义（posthumanism）、系统理论（systems theory）、激进建构主义（radical constructivism），及后殖民主义。在它们富有成效的表象下有一个共同特征：致力于跨学科。

尽管符号学可以追溯到《希波克拉底全集》（*The Hippocratic Corpus*）[①]中的“症状”概念，但它在学术界作为一个正式学术追求出现，很大程度上归功于 20 世纪所谓的“共同时刻”（the synchronic moment）（可参见 Deely 2010）。那个时候，对人类努力成果的分析开始逐渐取代对个别人工制品的价值化，这也是跨学科性开启的关键。瑞士的索绪尔，俄国的普罗普（Propp）和形式主义者；英国的奥格登（Ogden）、理查兹（Richards）、爱普森（Empson）和莱维斯（Leavis）；北美的英尼斯、麦克卢汉和弗莱（Frye）；法国的结构主义者；捷克斯洛伐克布拉格语言学群体；所谓的

---

① 《希波克拉底全集》（*The Hippocratic Corpus*）是著于公元前 4 ~ 5 世纪的古希腊医学文献集，收录大约 60 篇医学文献，据说是由医生希波克拉底（Hippocrates）所著，但是存在争议。（参考《牛津古典词典》，链接 https://oxfordre.com/classics/view/10.1093/acrefore/9780199381135.001.0001/acrefore-9780199381135-e-8525）——译者注

“苏联符号学”；丹麦的哥本哈根学派；欧美的系统论和控制论——他们的研究都体现了跨学科性。因此，在20世纪下半叶，由细读法或分析法发现的“共同时刻”见证了人文学科一些关键领域的重大变化。语言学对外语教学的关注越来越少，更多致力于一般意义上的语言运行问题，尤其是利用符号学将语言分为“句法”“语义”和“语用”。相当一部分当代文学研究开始致力于分析文学性运行方式，而不是连哄带骗地试图从人们的思想和写作中找出什么是“最好的”。文学、科学和艺术协会所进行的一些创造性工作表明，文学研究在过去30年里进行过多次自我革新。高雅艺术仍然在某种程度上与崇高的概念相结合，这其中有其名称的缘故，即便如此，也从纯粹的美学转向更多地考虑设计概念。在哲学上，难以捉摸的“美好生活”（good life）概念已经被对分析、关键性和不可预测性的关注所取代。

上述的这些变化发展，绝大部分的主要推动力是文本（text）概念的出现。当然，这个概念是由符号学发展起来的，但它的影响力和范围远超出了符号学，不仅促进了跨学科方法的发展，而且使文本的谓词（predicates）成为人文学科中常见的术语。巴尔特（1977a）和洛特曼（Lotman）在互不相知的情况下同时提出了这一概念。从二位关于文本话题的早期作品中，我们可以看出他们为提出这一概念所付出的艰辛努力（参见 Marrone 2014）。尽管过程艰辛，但在“共同时刻”之后，其他学者也迅速地采纳了文本概念，足以证明这一概念的生命力。这些学者在他们的学科领域秉持着跨学科视角，通过参照文本，展示了艺术、文学、哲学和言语等这些并非魔术，而是更普遍意义上的文本的具体例证。显然，文本的概念有助于弥合高雅文化和低俗文化之间的“巨大鸿沟”（the great divide）（Huyssen 1986）。从社会阶层这一维度来看，简单赏析文化人工制品的“质量”逐渐转变为分析文本的核心。文本的概念展现了“中立性”（neutrality），或至少尝试搁置使文本价值化，或让文本以某种“不言自明”“常识”或“显而易见”的方式被解读的力量（参见 Cobley 2000）。因此，分析文本的目的是找出它是如何运作的，并通过延伸，积累对所有文本可能运作方式的认识。此框架下对文本的学术研究，显然不是富裕的资产阶级家庭教养中必不可少的、旨在灌输良好“教养”或“品味”的“区分”

(disctinction) 练习 (Bourdieu 1984)，它更多的是一种技能，可为所有人获得，并与民主社会相适应。

文本概念所带来的转变，将焦点从“善”(good) 转变到“分析”(analytic)，是当代人文学科的典型特征。然而，如果提供证据的仅仅是来自人文学科的人本主义维护者，人们就不会明白这一点。虽然关于文本概念的各种见解在人文学科俯拾皆是，并且很大程度上消除了文化的“高”“低”层级差别，但还有一个由跨学科带来的被解构的划分，即科学和人文学科之间的划分（对此划分，学术界更难以接受）。尽管在这里不适合来推测“两种文化”的命运，但可以简要概述符号学为结束这一划分做出的贡献主要有两个方面。第一个相对浅显，它源自这样一个概念，即如果人文学科可以被解读为文本，那么科学实践也绝对没有理由不能被解读为文本。事实上，符号学已经诞生了参照文本和符号学原则理解自然的最重要范例之一，即本书的焦点——生物符号学。

其次，在科学哲学的层面上存在更复杂的批判，即艺术、人文学科与自然学科并列，有时在不同种类的宇宙知识之间形成一种非等级关系(non-hierarchical relationship)。赛博符号学 (Brier 2008a) 以及大部分的生物符号学，认为自然和演化的连续体构成生命、意识和文化意义。在这一方面，它和当代的一般符号学并没有什么不同，只是赛博符号学根据生命、意识和文化分别体现出来的体验特性来专门研究生命、意识和文化的意义。不过，赛博符号学和一般生物符号学一样，致力于研究 Σ - 科学所涉及的认知过程（见第三章）。它以物理科学所持的第三人称知识理想挑战物理学，以迫切需要思考的第一人称具身意识取代第三人称知识。有机体、环境、意识、符号和现实，这些问题都不是单一学科能解决的。因此，赛博符号学是跨学科的。追踪人文学科和自然学科中的这些领域，可以发现其中有从传统的唯物、有机角度来理解现象的，也有采取符号的方式和认知的方式的。跨学科的赛博符号学所使用的方式似乎由其所关注的现象所决定。布瑞尔 (Brier 2010：1907 - 1911) 的“赛博符号学之星”给出这样的总结。

赛博符号学所确定的四个知识领域显然需要跨学科。此外，正如布瑞尔所认为的，它们还需要一个观察者理论。他解释道，物理学依赖于物理

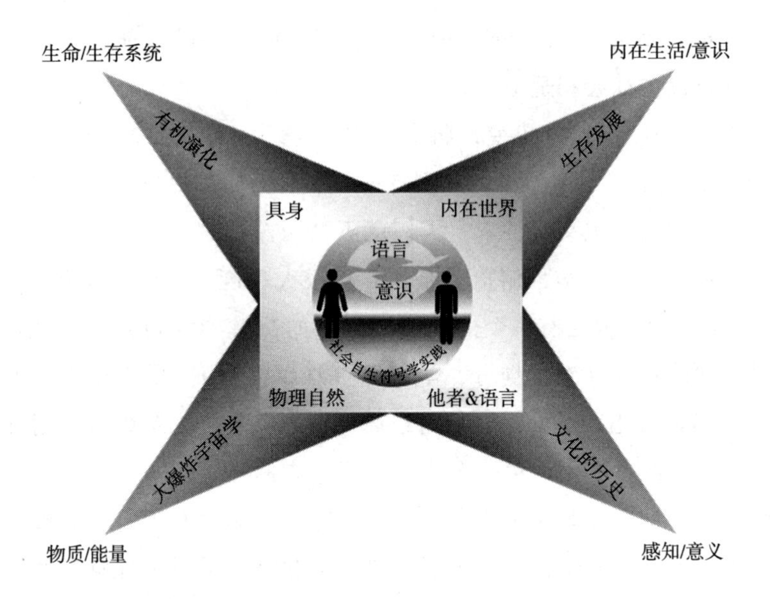

"事件"中观察者的概念。(2010：1911)

> 但它（物理学）没有比计算和信息更进一步的关于观察者是什么的理论……意义、体验、感知特性（qualia）和意愿（will）仍然在物理学的范式基础之外，而物理学的学科范式仍然是仅通过化学进入一般的细胞和身体的生理学。

对此，也许人们很容易补充说，人文学科需要一个观察者理论。"其他"人文学科（"other" humanities）一直在努力探寻世界上的主体的角色，尤其是通过符号学。而另一方面，人文学科似乎又回到了一种绝对的、普遍的人的主体性的假设中，即使那个主体性在人文学科被拆解时一并失效了。因此，关于"人文学科为何"这一问题，有说服力的表述有赖于反人本主义的立场。

常被作为人文学科同义词的人本主义可以总结为"简而言之，激发出我们内在最好的东西"（Solomon 1994：50）。这种意识明显体现在被大量引用的对人文学科攻击的抗议中。这种下意识的反应是可以理解的，例如丘吉维尔（Churchwell 2014：29）的回应就很尖锐。

> 绝非巧合，那些告诉我们人文学科无足轻重的政治家和企业

> 家，那些只将我们视为打工人和消费者而不把我们当公民或个体的人，以及那些剥夺了我们人权的人，他们是同一批人。正是那些富人坚称我们应该只寻求工作：他们告诉我们，我们不需要人文学科，我们所需要的只是在市场上劳动，但因此致富的是他们，并不是我们。

这里没有谈及的是，“他们”非常相信个体，这正是“他们”想要限制向他人开放机会的原因。“他们”能大胆设想的唯一的集体就是“他们”试图强加的集体。显然，此争论的基本术语需要改变其个体主义/人文主义的坐标，这种坐标与自我决定和自我实现的权利紧密相关。从人文学科的角度来看，这样的争论与认为人文学科的任务是颂扬“人们思考过和说过的最好的东西”这一观点一致。人本主义的人文学科支持者可能认为，他们通过教授女性作家、黑人艺术家、纳瓦霍人（Navajo）[①]言语表达和老子思想，已经把这类观点抛在了脑后；事实上，他们从教养和“善”的角度对人文学科的捍卫，就可以让马修·阿诺德（Matthew Arnold）、F. R. 利维斯（F. R. Leavis）、莫蒂默·阿德勒（Mortimer Adler）、罗伯特·哈钦斯（Robert Hutchins）以及莱昂内尔·特里林（Lionel Trilling）的幽灵复活。在将“人”的概念置于存在的中心时，“善”的守护者所陷入的困境，正是阿尔都塞（1969：223）在“社会人本主义”中发现的“理论不平衡性”。在苏联的恐怖主义和极权主义遗留问题中，许多马克思主义者（包括苏联内部）发现他们在谴责这个所谓社会主义的最突出问题时，陷入了一种进退两难的窘境。阿尔都塞（1969：236）建议社会人本主义者退回到简单的对立，即“人/非人”的对立当中。

> 马克思主义者在他们同世界上其他人的关系中强调社会主义的个人人本主义时，无非是要展示他们缩短自己同可能的同盟者之间距离的意愿，他们无非是要走在运动的前面，而让未来的历史用新的内容

---

① 纳瓦霍人（Navajo，也称 Navaho），是美国印第安居民第二大的团体分支，纳瓦霍人说一种阿帕契语（Apachean），属于阿萨巴斯坎语族（Athabaskan language family）。参考来源：《大英百科全书》，链接 https://www.britannica.com/topic/Navajo-people。——译者注

充实旧的用语。①

当人本主义将“人”作为所有理论的原则时（见第四章），需要一个模糊的“非人本性”概念作为“人”的反义词。通过这样的方式，人本主义可以作为一个实用的意识形态口号，铲除“非人本性”的实例。此外，人本主义作为一个“实用的索引”可能具有一定的价值（1969：247）——就人文主义者反对削减人文学科资助的抗议而言，“人本主义”可作“宣传”之用——但是它只是“一个对真实问题的假想对策”（1969：247），并没有理论价值。

因此，生物符号学中的反人本主义思想者，例如皮尔斯、西比奥克、霍夫迈尔、迪肯、布莱尔、佩特里莉和迪利，他们没有把个体化的人置于存在的中心位置。他们也没有兜售一些诸如“利己”（self-interest）本质的概念，或把一些普遍的范畴运用在人身上。他们当然不会采取极端人本主义者孔迪拉克（Condillac）的策略，把伦理当作利己问题（见第五章）。生物符号学中的反人本主义将人置于符号过程和环境界中进行思考。人的主体性并不是存在于符号过程之外，像空中交通管制员那样管控符号，像是人本主义者对人文学科的理解那样。人的主体性就是环境界，人类处于（within）符号过程的产物当中，这些产物构成人文学科的对象。

从符号学的视角，我们大体可以说有两类主体性。第一类或许可以称为“社会符号学的”，源自在文化形态中和符号过程相对应的人们的处境（见 Cobley 2014）。另一类是“生物符号学的”，处在符号过程领域，不受变化多端的文化或社会政治力量支配（亦见第四章）。当然，这种区分是存在问题的，原因有三：第一，所有的符号过程都具有“社会性”的特征，因为它至少包含了一方的力量（Cobley & Randviir 2009）；第二，正如西比奥克所解释的，也是本书中反复强调的，文化只是自然的很小的一部分；第三，如阿甘本（1988）和其他一些人所证明的，符号过程“在本质上”比我们通常所认为的更频繁地受到变化无常的社会 - 政治力量的左右。然而，主体性在生物符号学中已经是一个中心主题（Tønnessen

---

① 此段译文引自与原文对应的中文译著，有个别修改，即〔法〕路易·阿尔都塞：《保卫马克思》，顾良译，北京：商务印书馆，2011 年，第 372 页。——译者注

2015），并对“人文学科为何”这一人文学科的目的问题具有指导意义。生物符号学在非常低的生物层面，在有机体最基本的层面上明确了主体性。对霍夫迈尔（Hoffmeyer 1998）来说，在符号域中发展符号能力的任何有机体都可能被发现具有主体性，也就是说，在任何意义或交流可能发生的领域都可能存在主体性。生物符号学一直在不遗余力地证明符号能力在一些地方出现，这些地方迄今为止其主体性还尚未被注意。这一观点对人文学科来说很重要，因为它不仅意味着人类和其他有机体的某些组成部分之间存在着一定的连续性，也指出一个关键问题，即主体性是以何种方式“栖息”在环境界的。当然，我们需要小心，因为正如我们所看到的，主体性在人文学科中很明显地被视为理所当然了。

人类想象力的增强，以及人类环境界所固有的投射的可能性，二者不可避免地导致了伦理的产生。伦理要求利用想象和投射构建出另一个比当前情况更符合伦理的世界。尽管如此，仍要避免这一推论：伦理就意味着以意志为存在形式的主体性（见第五章）。人文学科的人本主义捍卫者似乎认为，人文学科话题朝着伦理投射的方向培养着主体性。当然，这是对结构/主体互动以及伦理的粗暴简化。正如我们所看到的，生物符号学纠正了个体主义对人类主体性的解释，这种解释是在反驳人文学科对人本主义的辩护。人类具备辨识出符号所代表的东西的能力，而非仅仅是对符号做出反应，这种能力使人类具有独特性，由此，迪利等人（2005）认为人类不得不关心符号过程，关心这个星球上的所有生命。需要什么样的环境来使这一点得到普遍的认识，这一问题在第五章只是粗浅地谈过，但人类的独特性从人本主义者至爱的本质论转移到符号过程领域，这本身就迈出了重要的一步。

不仅仅只有生物符号学在质疑是否伦理代表人类本质的顶端。后人类主义、动物符号学和动物研究在消除本质主义（essentialism）方面也表现突出。此外，它们还有助于探究自然界中是否存在某种普遍的道德模式（如 De Waal 1996）。如果有这样的模式，人本主义寥寥可数的理论资源将更加枯竭，而对人文学科的捍卫需要寻找更为有力的论点。如果人文学科不是好的价值观的宝库，如果它们不教导人们如何生活，如果它们不直接保证民主和文明、不促进多样性，如果它们不是本质上的“善”，如果它们不阻止去人文化，如果它们的存在不是肩负起以上这些社会责任的话，那么，人文学科还有什么用呢？

理查德·道金斯（一位狂热的科学倡导者、极端机械主义者、激进的无神论者，以及对人们从宗教激进主义基督徒到活力论等各种行为方式的强烈不满者）在离开佛罗伦萨的一个美术馆时说了一句话，“但是，这整个的艺术是为了什么？”尽管这一轶事没有依据支持，并被认为是可疑的，但丘吉维尔（Churchwell 2014：29）还是“引用”了道金斯的这句话。她认为道金斯提的这个问题道出了“工具主义者和技术官僚，这些决定我们社会优先事项的人所持有的一种广泛观点”。显然，她不相信这是一个公平有效的问题。她的怀疑是有一定道理的，因为文化是“没有意义的”，就像迪肯（2012a）所说的“约束”取决于“不存在”的东西一样（见第七章）。然而，尽管这个可疑的问题提得不是特别好，但从一般意义上而言，提出这个问题还是公平的，原因很简单，艺术和人文学科本身就一直是工具性的。它们不能在前一分钟被人本主义者当作价值的宝库来捍卫，而下一分钟又被宣布为价值中立的。通常，当人文学科一直否认自己的工具性时，它们就会特别具有工具性，比如它们现在正在经历的危急时刻，或者在它们被用来通过智识征服非西方人，为殖民主义服务的胜利时刻。这种批判是一种工具性的话语，就像人本主义者回避的元批判一样。此外，这种批判将对工具性的否认置于严格定义的殖民时刻之外，然而，即使是在人本主义者盛赞的人文学科的社会任务（维护多样性、多元文化主义、包容和获取地方性知识）中，也存在着工具主义甚至是侵略主义（见Alibhai-Brown 2000）。

“其他”人文学科有一个明显的区别特征，且这一特征在人本主义公共关系中被忽略了。许多“其他”人文学科，不包括社会议题，在不同程度上引进了认知和演化问题。例如，在“其他”人文学科中，多样性被认为是一种了解世界可以以多种方式被塑造的问题，它并不是发现世界各地不同文化所累积的诸多人工制品，并将它们纳入西方对普世价值的定义的问题。然而事实恰恰相反，比如在后人类主义和动物研究中，多样性需要考虑动物性如何跨越人类和非人类世界，以及人类在何处逐渐让位于机器。相比人本主义者恼羞成怒的回应（即认为这个问题问得很不得体），或者前后不一的论断（即人文学科保证了虚构人类本质的发展，又提供了一个乌托邦式的“好”的社会），这样的角度似乎能够为“人文学科为何”这一问题提供更大的延展空间。

西比奥克的《艺术的征兆》（Prefigurements of Art）（1979b）一文的结论部分地体现了生物符号学对艺术和人文学科的看法。这篇文章发表在《符号学》（*Semiotica*）期刊上，作为文化符号学特刊的一部分，编辑是艾琳·波茨－维纳（Irene Portis-Winner）和让·尤米克－西比奥克（Jean Umiker-Sebeok），这一期的主题本身来自 1977 年的美国人类学协会的年会。西比奥克的这篇文章篇幅达 70 页（包括图示），主要是对现存的非人类动物“审美行为”研究进行文献综述。不难想象这篇文章可能会出现在一本更大的书里，因为西比奥克在许多地方暗示过自己正在写一本研究动物和人类传播的书（例如，在他的文章“日本猴子的表演”里，1986a：115）。如果这一计划撰写的书籍能够基于西比奥克存档的文章一起重新整理出版，它有可能会赢得类似于《政治经济学批判大纲》（*Grundrisse*）或弗洛伊德的《科学心理学项目》（*Project for a Scientific Psychology*）的地位。比起它们，《艺术的征兆》一文主题精妙、微言大义，但是间接、简略，加之它在生物符号学及相关领域的重要地位，有必要在这儿详述这篇文章。

《艺术的征兆》一文总的目标是问这样几个问题。

> 基于特定的情境条件，特定的动物交流系统的优化设计是否能够实现审美功能的叠加？换言之，在人类的动物祖先中寻找美学意义上的前言语符号（averbal sign）配置的征兆，在多大程度上是合理的呢？（1979b：5）

对西比奥克来说，认为人类的言语符码只是简单地取代了动物的非言语系统是站不住脚的，他质疑在前言语中找到语言的系统发育史这一想法。西比奥克在这里倾向于用非言语－传播系统（nonverbal-communication systems）（1979b：8）这一术语。然而，这并不是否认可以从一些动物行为上追寻人类前言语行为的美学征兆。因为人类的前言语符码起源于大脑（一个非常优秀的动物大脑）的小半球，而语言艺术则起源于大脑主要的半球。

在动物的各种审美行为中，最著名的是缎蓝园丁鸟的活动，它们似乎是出于纯粹的装饰目的在自己的巢穴内作画。这个问题目前还没有定论，研究者还在思考是否有可能是为了吸引配偶以繁衍生存（Katsuno et al. 2013）。然而，即使是过去那些严格的演化论者——西比奥克列举了托马斯·赫胥黎（Thomas Huxley）和杜伯善斯基（Dobzhansky）——他们也欣然接受如下观点，即在这样的行为中，“绝对存在着审美的开端”（1979b：6）。正如西比奥克的如下观点。

> 许多杰出的、敏锐的生物学家都坚定地相信审美行为的确在动物世界中存在，而另一方面，他们又不能直面这些审美行为是无足轻重，甚至无用的推论。这两者之间的冲突，在这个领域的所有研究中都有体现。

在此处，西比奥克主要用“无用”来指行为背后缺乏严格意义上的生存动机，即动物的符号过程不一定就指向维持自身、传递基因。然而，重要的是要重新审视“无用”这一概念，并在对西比奥克的发现进行解释的过程中加以扩展。

在对文献进行梳理综述后，西比奥克进行了概括总结，并明确了从动物中观察到审美符号过程的四个一般领域。第一个涉及动觉符号（kinaesthetic signs）领域，即运动的符号过程，被认为是预示了人类舞蹈的出现。第二个是音乐符号（musical signs）领域，即超越了交流对话的听觉符号过程，其中甚至包括了最基本的旋律、和声以及连续的重复。第三个是图像符号（pictorial signs）领域，即那些似乎是为了装饰目的本身而存在的视觉符号。最后一个符号过程领域涉及建筑符号（architectural signs），即在建筑中产生的审美符号过程，超越了遮蔽、保暖和防护的实际需求。

在思考动觉符号时，西比奥克注意到了如今已广为人知的例子，来自鹤、黑猩猩以及侏儒鸟科（包括长尾侏儒鸟，它们不仅能唱还能跳）。他总结说，动物的舞蹈和人类的舞蹈同源，“就像大笑和微笑属于同一范畴”（1979b：17）。也就是说，舞蹈是通过基因组在非本土的、传统的实践中传递的。西比奥克强调说，这并非意味着舞蹈是与生俱来的，“信息通过几种不同的方式传递给下一代，由于形式取决于功能，所以很难排除趋同”（1979b：18）。结合这最后的评论，以及这篇文章的其他几个部分，西比奥克展现出了一种明确的生物符号学视角，与还原性的新达尔文主义观点形成鲜明的对比。

在非人类动物中，有各种各样似乎算得上审美行为的音乐符号。西比奥克解释说，鸟声音乐学（ornithomusicology）中有一个早期的看法源自蒙田（Montaigne）的观点（1979b：18），即人类是首先听到鸟鸣然后去模仿它。然而，这并不能作为对音乐起源的声明，西比奥克力劝我们多去关注大量有关蝉、座头鲸和长臂猿等动物的音乐符号研究。尽管动物的音乐符号很复杂，西比奥克仍然谨慎地提示说，将这些生物的审美功能视为理所当然还为时过早。然而，关于动物的图像符号，现有的知识让西比奥克得出了更具普遍性的结论。除了鸟类对巢穴的装饰，他也讨论了德斯蒙德·莫里斯（Desmond Morris）报告的年轻黑猩猩，刚果（Congo）、阿尔法（Alpha）和贝西（Betsy）的手指画。黑猩猩似乎不仅喜欢创作，还会花时间观察完成后的画作。朱利安（Julian），作为赫胥黎的追随者，将猩猩作画当作灵长类动物具备“审美潜力”的证据。

对西比奥克来说，有关建筑符号的研究报告也许提供了动物具有“审美潜能”的绝好证据（1979b：43）。

> 在观察动物建造的无穷多样的巢穴时——它们可能是为了捕捉猎物，为了保护或者安抚自己或同类，尤其是年幼的同类，或者为了吸引潜在配偶的注意力——我们必须寻找其中可能含有的审美价值，尽管它服务于道金斯所称的（1978：21，25）“生存机器”，即那些容纳了所有动植物身上都有的基因群的临时容器。如果存在这样一个从属目的，即审美被动地受到“纯粹的”生物优势的影响，或者作为其补充，那么我们就必须努力去找出这种审美的成分。这样的探索绝非微不足道，因为它无异于在问，什么是艺术？

西比奥克认为，动物的建筑活动应被理解为工具使用的表现。确实有人观察到动物会以各种不同的方式为达到特定目的而使用工具。然而，西比奥克提醒人们注意那些揭示了并无明显特定目的而使用工具的研究，他引用费里希（Frisch）的话说，我们无法知道动物在使用工具时脑子里在想些什么，但无论如何，再次遵循费里希的观点，似乎有证据表明这些生物存在“审美感受”（1979b：48）。西比奥克指出，海狸就是一个典型的例子，它们的技能似乎是天生的，但却超出了对环境的适应。

文化，包括审美行为，并非仅由言语艺术构成。这一声明没有争议，甚至显得微不足道，因为它是如此显而易见，虽说非言语性一直都被限制（见第七章）。“征兆”一文中，西比奥克直面了一个问题，但讨论得又不是那么明显：在人类与动物共享的前言语行为中，是否可以找到人类前言语艺术的渊源。然而，更能说明问题的是，言语为人类保证了优势，而这反映了在拉马克适应论、达尔文选择论，以及大脑结构三者间“来来回回”的模糊图景。矛盾的是，由于非人类动物不具备类似人类成熟的语言能力，对人类而言，言语带来的生存优势又为“无用的”审美动物行为的目的性提供了线索。语言赋予了人类生存优势。

> 这种优势在于言语符码异常灵活，这在演化中是史无前例的，让言语可以留存为遗传符码并通过分解和重组进入人类内在世界（Innenwelt）从而成为符号载体，它们是从人类环境或环境界相关的部分中，通过整体的感知器官筛选出来的。言语符码的双重组织带来了这种灵活性，使得人类的头脑可以塑造这个世界，然后以修补匠的方式来“鼓捣”（play around）这个模型，即将世界拆解开来，然后以可能的各种新奇方式重组它（Sebeok 1986a：91）。

如今，语言的可塑性众所周知，且成为当代认知理论中讨论的重点。一段时间以来，西比奥克认为，是语法允许人们假定几种过去，虚构各种可能的未来世界，想象死亡，创造诗歌和科学，运用有限的句法产生无限的句子，并将人们的这种创造潜力可以投射到对未来的猜想中。也许，最重要的是，它允许人们对极为丰富多样的环境界进行分类。对此，西比奥克的结论是，动物“沉迷于”审美行为，因为这是一种特殊的分类形式，并在它们的模塑行为中起作用。因此，审美行为是一种有目的的活动，即使它看起来和非人类动物在存在中的各种选择无关：积极寻求营养/舒适，避免受伤/被捕，对环境中可放心忽略元素的普遍意识。西比奥克这样进

行解释。(41)

> 有效分类的能力对生存很重要，或许可以与饮食和性相提并论。如果这样的话，分类技能必然发展为动物快乐的来源，从而塑造其基因的非随机差异繁殖（自然选择）……换言之，尽管艺术向来不可预测，“看起来，它似乎是由某种大的余维数（codimension）[①] 的组织中心所引导的，远非一般思维的普通结构，但仍与我们意识思想背后的主要情绪或基因结构保持呼应”（Thom 1975：316）。

正如这里所阐释的，审美行为扩大了认知差异，它是一种有其特定的程序、实践和奖励机制的模塑形式。审美行为的产物是为了点缀和装饰动物的生态位（niches），同时也增强它们基础的模塑能力。

理解动物的审美行为为理解人类的定义奠定了基础。西比奥克将传统哲学式美学的追求和生命的定义并置，再次质疑了后天习得和与生俱来之间的截然划分。

> 每一种艺术，包括在我们生活的巨大宇宙中无所不包的建筑艺术，都有各自特定的风格——让人愉悦（delight）的平衡和秩序——该如何明确定义这些风格间的关系是我们所面临的挑战。因此，愉悦的概念发生了根本性地转变，它上升为一个可以被生物学家识别、对象化、用熟悉的术语来理解和阐释的功能。“动物的艺术性”不是说动物对运动、声音、色彩、形状更敏感，而是指天生或后天习得的一种能力，即能够从不稳定的环境中引出一个稳定的动态结构，而无论这个环境是无机还是有机，或者是二者的微妙混合。由此创建的符号系统，服务于一个潜在的语义功能，这一功能在时间流逝中转向了审美（1979b：58－59）。

值得重申的是，西比奥克理顺了分类和审美行为之间的纠缠，这是由

---

① 余维数是一个基本的几何概念，适用于向量空间中的子空间，以及代数变量子集。其中，双重概念是相对维度。此释义仅供参考。参阅来源：百度百科。（参考日期 2023 年 2 月 22 日）——译者注

人类和非人类动物在模塑行为上的区别所引起的，后者使用有限的前言语模式，而前者可以使用丰富的言语和非言语模式，并且常创造出相当复杂而微妙的复合模式。由此，他也预见到关于人类是“符号动物”的争论（Deely 2010）。

人类对符号的了解源于对“语言”或语法的掌握以及语言位移的能力（见第二章），这让人们不仅可以在当下进行区分，还能预测未来。它是对可能世界的预测和创造，包括那些虚构的世界。在为数不多的讨论到这些话题的学者中，约翰森（Johansen 2011）初步列举了人类虚构能力所带来的未来发展。

1. 创造模拟/虚构的世界可以让人们在想象中体验到原本不可能的、危险的、不道德的经历。因此，通过给我们所生活的世界（仅因为我们的肉体生活在其中）添加上想象的世界，这种行为可能会让人感到愉悦。

2. 创造模拟/虚构的世界不仅能满足我们的欲望和激情，它也允许我们在精神内或精神外进行实验和模式创造，让我们的生活互动，还有作用于自然的一部分行为有了可选择的其他模式，这些模式也许不仅可以单独完成，还可以进行交流。

3. 通过交流，这些模式也许可以创造一个共同的基础，为一个团体或社会中的成员所共享，因而它们或许能促进社会融合和群体行动。

4. 不止于此，对反现实的世界的模拟和再现，可能会使人质疑现有的事态和社会关系、规范和价值观。

5. 体现在艺术和文学作品中的观点，或许会为那些与社会和社会成员存在性相关的问题提供答案。

6. 因此，艺术和文学作品要么能够帮助强化规则，要么能够给出其他的选择。

在“征兆”一文中，西比奥克观察到，对虚构部分的投射来自人们的映射和分类能力。

> 显然，中心神经系统的基本作用，正是为生物体提供一个局部地图，模拟它在环境中的位置。由此，生物体能够利用生存智慧，对生物和/或社会意义上重要有机体的图像进行分类，包括区分捕食者和猎物。当然，最好的方法是将这些图像排列成一个独有的特征矩阵，或者以“相似与差异相调和”的方式来实现分类。

实际上，分类使人类能够了解其直接环境及共同居住者，绘制超出其直接环境的扩展区域的地图，并最终使人类在一种宇宙论下生存。它也促使记忆机制成为可能，包括从古希腊人发明的复杂的空间记忆大厦，到中世纪耶稣会信徒的记忆宫殿，到后文字（post-literate）文化的所有记忆存储技术。西比奥克早就发现了人类地图是语言和非语言符号系统之间不断转换的例证，而在23年之后，霍瑟（Hauser）等人（2002）在研究动物导航需求中语言递归属性的可能基础时，才得出了类似结论。

然而，西比奥克“征兆”一文所引发的悖论，并不是存在于大脑假定的不同模塑中心之间的运动中。最终的悖论是，动物的审美行为以不提高生存率的方式来提高生存率。即使不是全部，审美行为的大部分使用价值在于看起来不具有使用价值。它是一种迪肯所说的抑制，即产生了规律性，但是用生存术语来说，是通过不在场的事物来实现。西比奥克将这种悖论限制在动物（包括人）的符号过程中，这引出了一个大问题：非人类动物在装饰**环境界**的同时，也确保了生存，这很有趣。但是，人类在做什么呢?

“征兆”一文必然表明，“知识是有目的的”，一直是、且永远是有目的的。知识为人类提供“支架”功能（见 Cobley & Stjernfelt 2015，及第四章），也具有其他更为直接的功能，无论是基于假定的“第三人称体验”的“科学”知识，还是根植于“第一人称体验”的携带不同印记的知识。根据西比奥克的文章，人文学科所提供的这种知识永远都不能因其自身而存在，尽管人文学科的知识分层可能给人如此印象。因此，审美行为**就是**生存，这是因为它对从事该行为的动物所处的**环境界**有益。“征兆”一文给当代社会重提了这个重大问题，即“为了维持一个确保我们生存但不常用作工具的活动，我们追求什么呢?”为了回答这个问题，艺术和人文学科将在如下方面展开研究：在人类环境界正在（或已经）被探索的内容中，探索是如何发生的，人类环境界是如何配置和美化的，以及（在可能的情况下）艺术和人文对物种生存的贡献是什么。而这些追问就是“人文学科何为”这一问题的真正所在。这些问题与认知相关，且这种认知性并不妨碍它们的社会性。西比奥克讨论的“审美分类”是艺术的惯常行为，也是人文学科与艺术紧密联系的核心。

为了守护人文学科，需要确认人文学科的目的——不要矫情而甜蜜地欣赏人类的本质，而是在一个受到掠夺威胁的环境界中提高生存概率。人文学科的任务是提供各种方式来理解人类主体的局限性，以及人类和地球上其他有机主体的连续性，寻找各种方式来把握这种连续性中的伦理和所蕴含的责任关系。目前，人文学科主要以认知的而非社会的方式来保存经验。艾柯（Eco 2014）警告说，人类对网络连接设备的依赖正在导致记忆丧失，他建议他的孙子开始背诵艺术方面的东西，如此才能感觉充实，就像经历了“几千种生命体验”一般，而不是过上一种“单调而缺乏伟大情感”的生活。在网络记忆时代，我们可能会被剥夺互动的机会、参与和分析艺术的机会，这种威胁不容低估，它有可能比赛博格更快地摧毁人类的第一人称体验和认知。随之而来的将会是人类对构成要素感知的丧失。人类作为唯一能够辨识到符号等事物的动物，创造了人文学科。那么，不限制体验，拒绝被过度专业化，以一种希波克拉底式的无害方式来充分把握符号过程的多样性——这才是人文学科的任务。

总 结

此书的主要结论非常保守，某种程度上，它仅仅指出了一个显而易见的事实：自然中存在连续性，人类从其他生命形式演化而来。得知这一事实，人们不需要这本书，也不需要一般意义上的生物符号学，只要在办公室外、房子外或者学校外随便走走，就能看到人类，以及那些我们碰见的许许多多的植物、动物包括昆虫，都是融入自然的，事实上，还有房间里的宠物、办公室里的微生物，或者人体内繁忙的内生符号过程（frenetic endosemiosis），只是这些没有被我们意识到而已。也许需要提醒的是，所有文化设备——书架上的书目、电视或电脑上的网络内容、纪念品、室内装饰、厨房用具、玩具以及它们所包含的符号——不仅与位于人体内外的微生物处在同一广阔空间内，可感知的文化符号也与那些可辨识的有机符号相连续。生物符号学的部分内容表明，研究生命就是研究符号。在一粒沙中看世界……本书的目的也在于强调研究符号就是研究生命。如果生物符号学在理解文化上没有给出什么清晰的启发，希望下面的启发本书有清晰地传递出来。

即使是关于某一文化现象的最聚焦的、罔顾任何自然语境的研究，也需要分析自然。揭示这一点并阐明语境，则是另一个问题。正如前面所看到的，符号学迈出了执行这一任务的最有意义的第一步，尽管它并不总是能打破体制决策（institutional determinations）对这一任务的阻碍。在彻底打开文化的大门，以便对文化全方位分析之前，符号学所做工作的重要性不可估量，与此同时，生物符号学的加入促使符号学撒开网，涵盖了对整个自然界符号系统的分析。这意味着理解文化不仅仅是审视人类是如何在符号中生存和生活，还需要询问人类是如何在自然（包含符号）中生存和生活，是什么将人类的意识和作为内符号（endosemiotic）现象的存在从其他有机体中、从宇宙中区别出来。正如前面所看到的，真正让人类如此被区分出来的，是人类所生活的一个特定环境界，这个环境界是一种包含非言语和言语模式的特定模塑，在此基础上产生了独一无二的语言现象。环境界提供了认知差异的能力，进而产生并塑造了文化。文化依赖语言，这并不是说文化仅仅是通过语言而被理解的。这样的语言中心论“遗忘”了人类模塑具有言语/非言语双重传统。这对文化的启发是，人类因为语言发生的方式、语言赋予的能力而与众不同，但是人类及其文化与自然不能割离，两者之间的连续性也不能中断，即便在语言中，人类仍然继承了自然形式的血统。我们不能忽略个体发生和系统发育里人类对非言语性的“遗忘”。不能忽视正是非言语性促进了“知”（knowing）这一过程，也将文化的各个方面视作“知”的各个种类，而非将其仅当成 Φ－科学的一种功能（faculty）。这是生物符号学（以及赛博符号学）对文化和文化分析的另一个启发。

从人类在社交和文化交流中的地位层面考虑，生物符号学对文化有更进一步的启发。在文化分析中以及在大众的眼里，人类的地位之所以存在是因为其假定了个体主义的存在，而生物符号学明显削弱了人的地位，有时也削弱了“人是非凡的”这一论断。人本主义和个体主义，或其中之一，与生物符号学中一个反复得到的研究结果——符号的连续性以及整个自然的连续性——相冲突。符号学一直都在寻找人类集体性特征的证据——从内符号过程到原始人类的早期演化，从最初的社会集体或集群到复杂的社会。因此，虽然生物符号学辨明了自然域中的行动主体性和自由度，这似乎使生物符号学和某些文化视角兼容（这些文化视角避开了科学主义，推崇文化中的主体性），但这种兼容性是有限的，甚至是虚幻的。换言之，行动主体性并不与个体主义一致，而是需要在抑制和集体性中发生。

不要忘记，生物符号学也对那些更为激进的观点有启发，这些观点怀疑行动主体性，认为人类是被文化建构的权力关系所贯穿的主体。在这里，文化建构经常暗指“语言”或者“话语建构”。然而，正如前文我们所看到的，生物符号学的“符号”这一概念的解释力远超出“话语”概念，它不仅涵盖了人类之外的非言语意义和符号过程，而且还解释了人类符号是如何在思维-依赖（建构）和思维-独立之间的摆动。因此，对于完全（非人类动物）或部分（人类）生活在客观世界中的自然主体来说，他者既是一切也是自己。在当下的理解中，人们可能忍不住想维持自我/他者二元性，此外还有个体/集体，客体/主体，言语/非言语，非人类/人类，物质/意识，生命自然/文化的二元性，生物符号学对此也给出一个明显的启发，即这种虚假对立的二元性，以及不断扩展其边界的人类环境界，都不应该阻止主体不断丰富自己。正如皮尔斯（1.135）所说的，“不要阻挡探寻的道路”，文化和文化研究在这探寻的道路中扮演着最重要的角色，这是不言而喻的。

这个启发让我们观察到，文化的自然方式常常被忽视。伦理看似是善意的产物，以及由善意产生的程序（programmes），但伦理已被证明是有着自然基础的副产品。毫无疑问，这一文化启发更多的是一种推测，因为当下实践伦理中很大一部分的确都依赖于基于意愿的程序。以为人父母为例，生物符号学中关于伦理的概念无疑在自然中广泛存在，并产生了更多的伦理符号。这对文化的启发是，我们需要在这些术语中重新寻找伦理。

有时伦理程序被称为“伦理的”（ethical）符码，因为它们提倡假定为不可违背的指令。无论本书再怎么致力于阐释生物符号学中跨自然的连续性，在伦理和文化的任何其他地方，符码都不能以这种机械的方式运行，也不能认为在自然中就存在这样的符码，能够作为文化机制运行的模范。正如在谈及文化是胚细胞的副产品这一假设时，霍夫迈尔和爱默彻所提醒的，“自然符号不应该和人类文化符号混淆”（2007：51）。对连续性的强调，关键在于所涉及的行为是类型符而不是个别符。正如前文所说的，并不是所有的符码都与人类所发明的密码学一样，如果在符码方面，有什么在自然中是连续的（因而在文化中也是如此），那就是符码的可错性（fallibility）。并非所有对文化的理解都假定了符码的高度有效性，尽管这个观点牢牢地抓住了大众的想象；与此同时，并非所有对文化的理解都坚称文化没有符码，或者文化完全是独立的，这是另一个牢牢抓住大众想象的观点。本书关于符码的讨论表明，如果出现在自然中的恒定性过程（与机械的编/解码对立）与自然中的文化部分中所出现的恒定性过程具有连续性，那么可以预见，我们对文化的理解就会更深。恒定性，即习惯，这一概念虽然是从皮尔斯那儿来的，却由生物符号学提供了极为有用、有启发的研究方法。然而，对这一过程更好的理解，仍在于迪肯所提出的“约束”这一生物符号学概念，约束概念有望更好地阐释在自然发展过程中，什么遗失了，而什么又留存下来了。

什么在文化中丢失了？毫无疑问，这个问题一直都在，因为文化总是“在危机中”。然而，有令人信服的理由去认为，在21世纪的前几十年里，人类处在一个关键时期。正如前文所看到的，社会正朝着未来整装待发，在那个未来里，科技会改变文化的传统形式。这是往好的方面来说的情况。以另一种方式来描述这个问题就是，技术出现时，工具论者可以利用这些技术来削减眼下的开支，与此同时，他们在破坏正在研究他们的艺术和人文学科。以此种方式来说这个问题并非是卢德主义（Luddism）[①]。在这里，生物符号学暗示了人类认知分化工具的分割（the shearing of humans' instruments of cognitive differentiation），以及记忆和体验的外包（out-sourcing）。直白地说，其含义是，审美行为就是生存——审美行为使人类置身于自己的世界，使人类得以形成装饰世界的抽象概念。它的使用价值不可或缺，事实上，它巩固了科技的基础，而科技恰恰是用来作为经济性工具使用的。审美行为让我们能够远远预见看似没有目的的符号如何增强环境界，能够缜密地、敏锐地理解美学符号与人类生存之间在过去、现在和未来的关系，这种预见和理解极为重要。总而言之，对审美行为这一重大问题的研究，需要富有经验的、跨学科的技术师作为中坚力量加入进来，对此绝不能含糊。当然，当一个行为的长远利益看起来模糊时，这些长远利益很难被大家所共识并成为核心。然而，这种困难并非不可克服，尤其是在这一讨论话题涉及人的存在本质以及人类最“本能式”的追求时。西比奥克（1979b：42）指出（皮尔斯也与之意见一致）：

> 分类习性通过演化而习得，削弱了生存价值，但是性也是如此；

① Luddism，来源于Luddites，是19世纪英国手工工人，为了反对纺织机器取代自己而发动暴乱，破坏机器。后用Luddism表示对新科技、新工作方式的拒绝和反对，具有贬义。来源《大英百科全书》，链接：https://www.britannica.com/event/Luddite——译者注

人们可以享受它，它本身就是让人享受的，只是大多数个别符并不是在生物学意义上相关，只有类型符才具有鲜明的生物学功能。

尽管餐饮业务已经持续了多个世纪，卖淫产业繁盛了更久，却没有人会认为人们食、性仅仅是为了产出利益。也许生物符号学对文化的最终启示是，在我们的共识中，应该摒弃践行审美行为只是为了直接的经济利益这一荒唐看法。

参考文献

Adler M. The difference of man and the difference it makes. New York: Holt Rhinehart; 1967.
Agamben G. In: Attell K, editor. State of exception. Chicago: Chicago University Press; 2005.
Agamben G. Homo sacer. Trans. Heller-Roazen D. Stanford: Stanford University Press; 1998.
Alibhai-Brown Y. After multiculturalism. London: Foreign Policy Centre; 2000.
Alibhai-Brown Y. After multiculturalism. London: Foreign Policy Centre; 2002.
Althusser L. For Marx. Trans. Brewster B. London: New Left Books; 1969.
American Council of Learned Societies. Text of 'Speaking for the Humanities'. Chron High Educ. 1988;35(A1):A11–2.
Andrews KR. Liberal education for competence and responsibility. In: Donaldson TJ, Freeman ER, editors. Business as a humanity. New York: Oxford University Press; 1994. p. 152–66.
Ascher M, Ascher R. Mathematics of the Incas: code of the Quipu. New York: Dover; 1997.
Atkins K. Introduction. In: Atkins, editor. Self and subjectivity. Oxford: Blackwell; 2005.
Augustyn P. Uexküll, Peirce, and other affinities between biosemiotics and biolinguistics. Biosemiotics. 2009;2(1):1–17.
Badiou A. Ethics: an essay on the understanding of evil. Trans. Hallward P. London: Verso; 2001.
Baldwin J. Beyond bodies, culture and language: an introduction to Alain Badiou. Subject Matters. 2004;1(2):1–20.
Barbieri M. Has biosemiotics come of age? Semiotica. 2002;139(1/4):283–95.
Barbieri M. The organic codes: an introduction to semantic biology. Cambridge: Cambridge University Press; 2003.
Barbieri M, editor. Introduction to biosemiotics: the new biological synthesis. Dordrecht: Springer; 2007a.
Barbieri M, editor. The codes of life: the rules of macroevolution. Dordrecht: Springer; 2007b.
Barbieri M. A short history of biosemiotics. Biosemiotics. 2009;2(2):221–45.
Barbieri M. On the origin of language: a bridge between biolinguistics and biosemiotics. Biosemiotics. 2010;3(2):201–23.
Barry B. Culture and equality. Oxford: Polity; 2000.
Barthes R. Mythologies. Trans. A. Lavers, London: Paladin; 1973.
Barthes R. From work to text. In: Stephen Heath, ed. and trans. Image – music – text, London: Fontana; 1977a. p. 155–64.
Barthes R. Change the object itself. In: Stephen Heath, ed. and trans. Image – music – text, London: Fontana; 1977b.
Barthes R. Elements of semiology. Trans. Lavers A. and Smith C. London: Cape; 1967, [1964].
Bartlett F. Remembering. Cambridge: Cambridge University Press; 1932.

Bate J. Introduction. In: Bate J, editor. The public value of the humanities. London: Bloomsbury; 2011. p. 1–16.
Beard M. Live classics or 'What's the use of Aeschylus in Darfur'? In: Bate J, editor. The public value of the humanities. London: Bloomsbury; 2011. p. 17–29.
Beever J. Meaning matters: the biosemiotic basis of bioethics. Biosemiotics. 2012;5:181–91.
Beever J. and Tønnessen M. Justifying moral standing by biosemiotic particularism. Zeitschrift fur Semiotik. 2016; (forthcoming).
Belsey C. Culture and the real. London: Routledge; 2005.
Benhabib S. Situating the self: gender, community and postmodernism in contemporary ethics. Cambridge: Polity; 1992.
Bennis WG, O'Toole J. How business schools lost their way. Harv Bus Rev. 2005;83:96–104.
Bentham J. In: Božovič M, editor. The panopticon writings. London: Verso; 1995.
Biggs NL. An introduction to information communication and cryptography. Dordrecht: Springer; 2008.
Birdwhistell RL. Kinesics and context. Philadelphia: University of Pennsylvania Press; 1970.
Blasco M. Cultural pragmatists? Student perspectives on learning culture at a business school. Acad Manag Learn Educ. 2009;8(2):174–87.
Bloom C. Violent London: 2000 years of riots, rebels and revolts. London: Sidgwick and Jackson; 2003.
Bourdieu P. Distinction. Trans. Nice R. London: Routledge; 1984.
Bragg M. The adventure of English: the biography of a language. London: Sceptre; 2003.
Brent J. Charles Sanders Peirce: a life. Bloomington: Indiana University Press; 1993.
Brentari C. Jakob von Uexküll: the disovery of the umwelt between biosemiotics and theoretical biology. Dordrecht: Springer; 2015.
Brier S. Cybersemiotics: why information is not enough! Toronto: University of Toronto Press; 2008a.
Brier S. The paradigm of peircean biosemiotics. Signs. 2008b;2:20–81.
Bruner JS. Going beyond the information given. New York: Norton; 1957.
Bruner JS. The process of education. Cambridge, MA: Harvard University Press; 1960.
Bruner JS. Toward a theory of instruction. Cambridge, MA: Belknap; 1966.
Bryson B. Mother tongue: the English language. Harmondsworth: Penguin; 1990.
Bryson JS. How Jihadist education breeds violence Public Discourse. (2010, 29 Mar). http://www.thepublicdiscourse.com/2010/03/1221/. Last accessed 17 Nov 2014.
Bühler K. The theory of language: the representational function of language. Amsterdam: John Benjamins; 1990.
Burgess A. A mouthful of air: language and languages, especially English. London: Vintage; 1993.
Cannizzaro S, Cobley P. Biosemiotics, politics and Sebeok's move from linguistics to semiotics. In: Velmezova E, Cowley SJ, Kull K, editors. Biosemiotic perspectives in linguistics. Dordrecht: Springer; 2015.
Cascardi AJ. The subject of modernity. Cambridge: Cambridge University Press; 1992.
Cheney DL, Seyfarth RM. How monkeys see the world: inside the mind of another species. Chicago: University of Chicago Press; 1990.
Chomsky N. A review of B. F. Skinner's verbal behavior. Language. 1959;35(1):26–58.
Chomsky N. Aspects of the theory of syntax. Cambridge, MA: MIT Press; 1965.
Churchwell S. Humanities: why the study of human culture still matters. Times High Educ. 13 Nov 2014.
Cobley P. The American thriller: generic innovation and social change in the 1970s. London: Palgrave; 2000.
Cobley P. How to be evil. Subject Matters. 2004;1(2):47–66.
Cobley P. Culture: definition and concepts. In: Donsbach W, editor. International encyclopedia of communication. New York: WileyBlackwell; 2008. p. 1127–32.
Cobley P, editor. Realism for the 21st century: a John Deely reader. Scranton/London: University of Scranton Press; 2009.

Cobley P. Sebeok's panopticon. In: Cobley et al., editors. "Semiotics Continues to Astonish": how Thomas A. Sebeok shaped the future of the doctrine of signs. Berlin: de Gruyter; 2011. p. 85–114.

Cobley P. Metaphysics of wickedness. In: Thellefsen T, Sørensen B, editors. Peirce in his own words. Berlin: de Gruyter; 2014.

Cobley P. The deaths of semiology and mythoclasm: Barthes and media studies. Signs Media. 2015;10:1–25.

Cobley P, Randviir A. What is sociosemiotics? Sociosemiotica special issue eds. Cobley and Randviir Semiotica. 2009; 173 (1–2):1–39.

Cobley P, Stjernfelt F. Scaffolding development and the human condition. Biosemiotics. 2015;8(2):291–304.

Cobley P, et al. editors. Semiotics continues to astonish: Thomas A. Sebeok and the doctrine of signs, Berlin: de Gruyter Mouton, 2011.

Cobley P, Deely J, Kull K, Petrilli S. Introduction: Thomas A. Sebeok: biography and 20th century role. In: Paul Cobley et al., editors. "Semiotics Continues to Astonish": Thomas A. Sebeok and the doctrine of signs. Berlin: De Gruyter Mouton; 2011.

Colapietro VM. Peirce's approach to the self: a semiotic perspective on human subjectivity. Albany: SUNY Press; 1989.

Colapietro VM. Human Understanding in light of John Deely, Charles Darwin, and Charles Peirce. In: Cobley P editor. Deely in Review special issue of Chinese Semiotic Studies 2016; 12 (3): 1–138.

Colby A et al. *Rethinking undergraduate business education: liberal learning for the profession*. Report of the Carnegie Foundation for the Advancement of Teaching. San Francisco: Jossey-Bass; 2011.

Collini S. What are universities for? Harmondsworth: Penguin; 2012.

Csányi V. The brain's models and communication. In: Sebeok TA, Umiker-Sebeok J, editors. Biosemiotics: the semiotic web 1991. Berlin: Mouton de Gruyter; 1992. p. 27–44.

Darwin C. The origin of species by means of natural selection, or the preservation of favoured races in the struggle for life. London: John Murray; 1859.

Darwin C. The descent of man, and selection in relation to sex. London: John Murray; 1871.

Darwin C. The origin of species by means of natural selection, or the preservation of favoured races in the struggle for life. 6th ed. London: John Murray; 1872.

De George RT. Business as a humanity: a contradiction in terms. In: Donaldson TJ, Freeman ER, editors. Business as a humanity. New York: Oxford University Press; 1994. p. 11–26.

de Saussure F. Cours de linguistique générale. Paris: Payot; 1916.

de Saussure F. Course in general linguistics. Trans. Wade Baskin, New York: McGraw-Hill; 1959, [1916]

de Saussure F. Course in general linguistics. Trans. Harris R. London: Duckworth; 1983, [1916].

De Waal F. Good natured: the origins of right and wrong in humans and other animals. Cambridge, MA: Harvard University Press; 1996.

De Waal F. Are we smart enough to know how smart animals are? Kindle Edition ed. London: Granta; 2016.

De Waal F, editor. The tree of origin: what primate behavior can tell us about human social evolution. Cambridge, MA: Harvard University Press; 2001.

De Waal F, Macedo S, Ober J, editors. Primates and philosophers: how morality evolved. Princeton: Princeton University Press; 2006.

Deacon TW. The symbolic species: the co-evolution of language and the human brain. Harmondsworth: Penguin; 1997.

Deacon TW. The hierarchic logic of emergence: untangling the interdependence of evolution and self-organization. In: Weber BH, Depew DJ, editors. Evolution and learning: the Baldwin effect reconsidered. Cambridge, MA: MIT Press; 2003.

Deacon TW. Incomplete nature: how mind emerged from matter. New York: Norton; 2012a.

Deacon TW. Beyond the symbolic species. In: Schilhab T et al., editors. The symbolic species evolved. Dordrecht: Springer; 2012b. p. 1–38.

Deacon TW. The emergent process of thinking as reflected in language processing (not yet published). 2016.

Deacon TW. Consciousness is a matter of constraint. New Sci. 2011. Issue 2840. https://www.newscientist.com/article/mg21228406-300-consciousness-is-a-matter-ofconstraint/. Last accessed 21 Mar 2016.
Deacon TW, et al. Theses on biosemiotics: prolegomena to a theoretical biology. Biol Theory. 2009;4(2):167–73.
Deely J. Introducing semiotic: its history and doctrine. Bloomington: Indiana University Press; 1981.
Deely J. The human use of signs, or elements of anthroposemiotics. Lanham: Rowman and Littlefield; 1994.
Deely J. Umwelt. Semiotica. 2001;134(1/4):125–35.
Deely J. The quasi-error of the external world. Cybern Hum Know. 2003;10(1):25–46.
Deely J. Dramatic reading in three voices: 'A Sign Is What?'. Am J Semiotics. 2004;20(1–4):1–66.
Deely J. The semiotic animal: a postmodern definition of human being to supersede the modern definition as 'res cogitans'. Sofia: New Bulgarian University; 2005.
Deely J. Purely objective reality. Berlin: de Gruyter Mouton; 2009a.
Deely J. Semiosis and Jakob von Uexküll's concept of umwelt. In: Cobley P, editor. Realism for the 21st century: a John Deely reader. Scranton: Scranton University Press; 2009b. p. 239–58.
Deely J. Semiotic animal. South Bend: St Augustine's Press; 2010.
Deely J. Building a scaffold: semiosis in nature and culture. Biosemiotics. 2015a;8:341–60.
Deely J. Semiosis and 'meaning as use': the indispensability and insufficiency of subjectivity in the action of signs. Sign Syst Stud. 2015b;43(1):7–28.
Deely J. Ethics and the semiosis-semiotics distinction. Zeitschrift fur Semiotik. 2016; (forthcoming)
Deely J, Petrilli S, Ponzio A. The semiotic animal. New York: Legas; 2005.
Delbrück M. Mind from matter? Palo Alto: Blackwell; 1986.
Deutscher G. Through the language glass: how words colour your world. London: Heinemann; 2010.
Donald M. Origins of the modern mind. Boston: Harvard University Press; 1991.
Dunant S, editor. The war of the words: the political correctness debate. London: Virago; 1994.
Eagleton T. Figures of dissent: critical essays on Fish, Spivak, Žižek and others. London: Verso; 2003.
Eco U. A theory of semiotics. Bloomington: Indiana University Press; 1976.
Eco U. Unlimited semiosis and drift. In The limits of interpretation. Bloomington: Indiana University Press; 1990. p. 23–43.
Eco U. Caro nipotino mio. L'espresso. 3 Jan 2014. http://espresso.repubblica.it/visioni/2014/01/03/news/umberto-eco-caro-nipote-studia-a-memoria-1.147715?refresh_ce (last accessed 16 July 2016)
Elkins J. Visual studies: a skeptical introduction. London: Taylor and Francis; 2003.
Elliott A. Concepts of the self. Cambridge: Polity; 2001.
Emmeche C. The garden in the machine: the emerging science of artificial life. Princeton: Princeton University Press; 1994.
Engels F. Ludwig Feuerbach and the end of classical German philosophy. Moscow: Progress; 1946 [1886].
Esposito JL. Synechism: the keystone of Peirce's metaphysics. In Digital encyclopedia of Charles S. Peirce, eds. João Queiro and Ricardo Gudwin (n.d.). http://www.digitalpeirce.fee.unicamp.br/p-synesp.htm.
Evans N, Levinson S. The myth of language universals: language diversity and its importance for cognitive science. Behav Brain Sci. 2009;2(5):429–48.
Fant GC, Halle M, Jakobson R. Preliminaries to speech analysis. Cambridge, MA: MIT Press; 1952.
Fast J. Body language. New York: Simon and Schuster; 1970.
Favareau D. Introduction: an evolutionary history of biosemiotics. In: Favareau D, editor. Essentials of biosemiotics. Dordrecht: Springer; 2010a. p. 1–80.

Favareau D, editor. Essentials of biosemiotics. Dordrecht: Springer; 2010b.
Favareau D, et al. The glossary project: intentionality. Biosemiotics (forthcoming).
Favareau D, Kull K. On biosemiotics and its possible relevance to linguistics. In: Velmezova E, Cowley SJ, Kull K, editors. Biosemiotic perspectives in linguistics. Dordrecht: Springer; 2015.
Feldman DC. The food's no good and they don't give us enough: reflections on Mintzberg's critique of MBA education. Acad Manag Learn Educ. 2005;4(2):217–20.
Fish SE. Will the humanities save us? New York Times. 6 Jan 14. 2008.
Florkin M. Concepts of molecular biosemiotics and molecular evolution. In: Florkin AM, Stotz EH, editors. Comprehensive biochemistry, vol. 29. Amsterdam: Elsevier; 1974.
Foucault M. Discipline and punish: the birth of the prison. Trans. Sheridan A. Harmondsworth: Penguin; 1977.
Freeman ER. Epilogue. In: Donaldson TJ, Freeman ER, editors. Business as a humanity. New York: Oxford University Press; 1994. p. 215–26.
Freud S. Repression. In On metapsychology. The theory of psychoanalysis. (Pelican Freud Library 11.) ed. Angela Richards, trans. James Strachey. Harmondsworth: Penguin; 1984[1915]. p. 139–58.
Gambetta D, Hertog S. Engineers of Jihad sociology working papers, University of Oxford; 2007. p. 1–88.
Gaukroger S. The natural and the human. Science and the shaping of modernity 1739–1841. Oxford: Oxford University Press; 2016.
Ghoshal S. Bad management theories are destroying good management practice. Acad Manag Learn Educ. 2005;4(1):75–91.
Giddens A. Modernity and self-identity: self and society in the late modern age. Cambridge: Polity; 1991.
Gordon RA, Howell JE. Higher education for business. New York: Columbia University Press; 1959.
Gould SJ, Lewontin RC. The spandrels of San Marco and the Panglossian paradigm: a critique of the adaptationist programme. Proc R Soc Lond. 1979;B205(1161):581–98.
Gould SJ, Vrba ES. Exaptation: a missing term in the science of form. Paleobiology. 1982;8:4–15.
Gouldner, AW. The two Marxisms. New York: Oxford University Press; 1980.
Greenberg J, editor. Universals of language. Cambridge, MA: MIT Press; 1963.
Guiraud P. Semiology. London: Routledge and Kegan Paul; 1975.
Habermas J. The structural transformation of the public sphere: an inquiry into a category of bourgeois society. Trans. Burger T. and Lawrence F. Cambridge, MA: MIT Press; 1989.
Hall ET. The hidden dimension. New York: Anchor Books; 1966.
Hall JA, Knapp ML, editors. Nonverbal communication. Berlin: de Gruyter; 2013.
Halliday MAK. Language as social semiotic. In Language as social semiotic. London: Edward Arnold; 1978. p. 108–26.
Han L. Umwelt as a female Taoist principle: re-reading the Tao Te Ching. Paper delivered at the 16th Gatherings in Biosemiotics. Prague: Charles University; 2016.
Harries-Jones P. Upside-down gods. Gregory Bateson's world of difference. New York: Fordham University Press; 2016.
Harris R. The language myth. London: Duckworth; 1981.
Harris R. The language connection: philosophy and linguistics. Bristol: Thoemmes; 1996.
Harris R. Introduction to integrational linguistics. Oxford: Pergamon; 1998.
Harris R. Integrational linguistics and the structuralist legacy. Lang Commun. 1999;19:45–68.
Harris R. Saussure and his interpreters. 2nd ed. Edinburgh: Edinburgh University Press; 2003.
Harris R. Integrationist notes and papers 2003–2005. Crediton: Tree Tongue; 2006.
Hauser MD et al. The faculty of language: what is it, who has it and how did it evolve? Science. 22 Nov 2002;298(5598):1569–79.
Hockett CR. The problem of universals in language. In: Greenberg J, editor. Universals of language. Cambridge, MA: MIT Press; 1963.

Hoffmeyer J. Some semiotic aspects of the psycho-physical relation: the endo-exosemiotic boundary. In: Sebeok TA, Umiker-Sebeok J, editors. The semiotic web 1991: biosemiotics. Berlin: Mouton de Gruyter; 1992. p. 101–22.
Hoffmeyer J. The swarming cyberspace of the body. Cybern Hum Know. 1995;3(1):16–25.
Hoffmeyer J. Signs of meaning in the universe. Trans. Haveland B. J. Bloomington: Indiana University Press; 1996.
Hoffmeyer J. Surfaces inside surfaces. On the origin of agency and life. Cybern Hum Know. 1998;5:33–42.
Hoffmeyer J. Order out of indeterminacy. Semiotica. 1999;127(1–4):321–44.
Hoffmeyer J. S/E = 1: a semiotic understanding of bioengineering. Sign Syst Stud. 2001;29(1):277–90.
Hoffmeyer J. Semiotic scaffolding of living systems. In: Barbieri M, editor. Introduction to biosemiotics. Berlin: Springer; 2007. p. 149–66.
Hoffmeyer J. Biosemiotics. An examination into the signs of life and the life of signs. Scranton: Scranton University Press; 2008a.
Hoffmeyer J, editor. A legacy for living systems: Gregory Bateson as a precursor to biosemiotics. Dordrecht: Springer; 2008b.
Hoffmeyer J. Semiotic freedom: an emerging force. In: Davis P, Gregersen NH, editors. Information and the nature of reality. From physics to metaphysics. Cambridge: Cambridge University Press; 2010a. p. 185–204.
Hoffmeyer J. Semiotics of nature. In: Cobley P, editor. The Routledge companion to semiotics. London: Routledge; 2010b.
Hoffmeyer J. Astonishing life. In: Cobley P et al., editors. Semiotics continues to astonish: Thomas A. Sebeok and the doctrine of signs. Berlin: de Gruyter Mouton; 2011.
Hoffmeyer J, Emmeche C. Biosemiotica II, Spec Issue Semiotica. 1999;127(1–4):133–655.
Hoffmeyer J, Kull K. Baldwin and biosemiotics: what intelligence is for. In: Weber BH, Depew DJ, editors. Evolution and learning: the Baldwin effect reconsidered. Cambridge, MA: MIT Press; 2003.
Hoffmeyer J, Emmeche, C. Code-duality and the semiotics of nature. Revised version. In Biosemiotics: information, codes and signs in living systems. Barbieri M, editor. New York: Nova; 2007.
Howard D. Architectural history in academia and the wider community. In: Bate J, editor. The public value of the humanities. London: Bloomsbury; 2011. p. 76–86.
Huyssen A. After the great divide: modernism, mass culture, postmodernism. Bloomington: Indiana University Press; 1986.
Ibrus I. Culture is becoming more visible and therefore richer. In: Development of Estonian cultural space. Tallinn: Estonian Development Report; 2014/2015. p. 222–5.
Ingram J. Talk, talk, talk. New York: Penguin; 1992.
Jakobson R. Linguistics and poetics: closing statement. In: Sebeok TA, editor. Style in language. Cambridge, MA: MIT Press; 1960.
Jakobson R. Six lectures on sound and meaning. Hassocks: Harvester; 1976.
Jakobson R. Some questions of meaning. In: Waugh LR, Monville-Burston M, editors. On language. Cambridge, MA: Harvard University Press; 1990a.
Jakobson R. Quest for the essence of meaning. In: Waugh LR, Monville-Burston M, editors. On language. Cambridge, MA: Harvard University Press; 1990b.
Jakobson R. Langue and parole: code and message. In: Waugh LR, Monville-Burston M, editors. On language. Cambridge, MA: Harvard University Press; 1990c.
Jameson F. Signatures of the visible. London: Routledge; 1990.
Jay M. Downcast eyes: the denigration of vision in twentieth-century French thought. Berkeley: University of California Press; 1993.
Johansen JD. Semiotics, biology, and the adaptionist theory of literature. In: Cobley P, editor. Semiotics continues to astónish'. Thomas A. Sebeok and the doctrine of signs. Berlin: de Gruyter Mouton; 2011. p. 207–22.

Kagan J. The three cultures: natural sciences, social sciences and the humanities in the 21st century. Cambridge: Cambridge University Press; 2009.

Katsuno Y, Eguchi K, Noske RA. Preference for and spatial arrangement of decorations of different colours by the Great Bowerbird. Ptilonorhynchus Nuchalis Nuchalis Aust Field Ornithol. 2013;30(1):3–13.

Kauffman SA. Investigations. New York: Oxford University Press; 2000.

Kean TH et al. The 9/11 Commission report: final report of the National Commission on Terrorist Attacks upon the United States. New York/London: Norton; 2004.

Kelly P, editor. Multiculturalism reconsidered: culture and equality and its critics. Oxford: Polity; 2002.

Kelly M. Language matters 2. Modern languages. In: Bate J, editor. The public value of the humanities. London: Bloomsbury; 2011. p. 259–71.

Kendon A. Gesture: visible action as utterance. Cambridge: Cambridge University Press; 2004.

Kress GR. Against arbitrariness: the social production of the sign as a foundational issue in critical discourse analysis. Discourse Soc. 1993;4(2):169–91.

Kuhn TS. The structure of scientific revolutions. 2nd ed. Chicago/London: University of Chicago Press; 1970.

Kull K. On semiosis, umwelt and semiosphere. Semiotica. 1998;120(3/4):299–310.

Kull K, editor. Jakob von Uexküll: a paradigm for biology and semiotics special issue. Semiotica134 (1/4); 2001.

Kull K. Uexküll and the post-modern evolutionism. Sign Syst Stud. 2004;32(1/2):99–114.

Kull K. A brief history of biosemiotics. In: Barbieri M, editor. Biosemiotics: information, codes and signs in living systems. New York: Nova; 2007.

Kull K. Biosemiotics: to know, what life knows. Cybern Hum Know. 2009;16(3–4):81–8.

Kull K. Umwelt and modeling. In: Cobley P, editor. The Routledge companion to semiotics. London: Routledge; 2010.

Kull K. Advancements in biosemiotics: where we are now in discovering the basic mechanisms of meaning-making. In: Rattasepp S, Bennett T, editors. Gatherings in biosemiotics. Tartu: Tartu University Press; 2012.

Kull K. Adaptive evolution without natural selection. Biol J Linn Soc. 2014a;112:287–94.

Kull K. Zoosemiotics is the study of animal forms of knowing. Semiotica. 2014b;198:47–60.

Kull K, et al. When culture supports biodiversity: the case of the wooded meadow. In: Roepstorff A et al., editors. Imagining nature: practices of cosmology and identity. Aarhus: Aarhus University Press; 2003.

Kull K, Emmeche C, Favareau D. Biosemiotic questions. Biosemiotics. 2008;1:41–55.

Kull K, et al. Theses on biosemiotics. Biol Theory. 2009;4(2):167–73.

Kull K, Velmezova E. Umberto Eco on biosemiotics. Paper presented at the 16th Gatherings in Biosemiotics. Prague: Charles University; 7 July 2016.

Levin D. Keeping Foucault and Derrida in sight: panopticism and the politics of subversion. In: Sites of vision: the discursive construction of sight in the history of philosophy. Cambridge, MA: MIT Press; 1997.

Lotman J. The sign mechanism of culture. Semiotica. 1974;12(4):301–5.

Lotman YM. The text and the structure of its audience. New Lit Hist. 1982;14(1):81–7.

Lovelock J. Gaia: a new look at life on earth. 2nd ed. Oxford: Oxford University Press; 2000.

Lyotard J-F. The postmodern condition: a report on knowledge. Manchester: Manchester University Press; 1984.

Machin D. Introduction. In: Machin, editor. Visual communication. Berlin: de Gruyter; 2014. p. 3–22.

Maher J. Seeing language in sign: the work of William C. Stokoe. Washington: Gallaudet University Press; 1997.

Maran T. Semiotic interpretations of biological mimicry. Semiotica. 2007;167–1(4):223–48.

Maran T. Why was Thomas A. Sebeok not a cognitive ethologist? From 'animal mind' to 'semiotic self'. Biosemiotics. 2010;3(3):315–29.

Markoš A. Readers of the book of life. Oxford: Oxford University Press; 2002.
Markoš A, Grygar F, Hajnal L, Kleisner K, Kratochvil Z, Neubauer Z. Life as its own designer: Darwin's origin and western thought. Dordrecht: Springer; 2009.
Marler P. The logical analysis of animal communication. J Theor Biol. 1961;1:295–317.
Marrone G. The invention of the text. Milan: Mimesis; 2014.
Matthews PH. Grammatical theory in the United States: from Bloomfield to Chomsky. Cambridge: Cambridge University Press; 1993.
McAllister QO. Business executives and the humanities. Raleigh: University of North Carolina Press; 1951.
McCrum R, et al. The story of English. rev. ed. Harmondsworth: Penguin; 2002.
Mcdonald R. The value of art and the art of evaluation. In: Bate J, editor. The public value of the humanities. London: Bloomsbury; 2011. p. 283–94.
McEliece RJ. Theory of coding and information. 2nd ed. Cambridge: Cambridge University Press; 2002.
Merrell F. How signs proliferate. In: Signs for everybody: Chaos Quandaries and communication. Toronto: Legas; 2000.
Mintzberg H. Managers not MBAs: a hard look at the soft practice of managing and management development. San Francisco: Berrett-Koehler; 2004.
Mirzoeff N. An introduction to visual culture. London: Routledge; 1999.
Mitchell WJT. Picture theory: essays on verbal and visual representation. Chicago: University of Chicago Press; 1994.
Mongré P. Sant' Ilario. Gedanken aus der Lanschaft Zarathustras. Leipzig: C. G. Naumann; 1897.
Morsing M, Rovira AS. Prologue: business schools as usual? In: Morsing, Rovira, editors. Business schools and their contribution to society. Los Angeles: Sage; 2011. p. xviii–xxi.
Neimark J, Ake S. Consciousness blows my mind: a Stu Kauffman interview. 2002. Metanexus http://www.metanexus.net/Magazine/ArticleDetail/tabid/68/id/5605/Default.aspx. Accessed 11 Mar 2010.
Nelson JK, Poms LW, Wolf PP. Developing efficacy beliefs for ethics and diversity management. Acad Manag Learn Educ. 2012;11(1):49–68.
Nöth W. Semiotics for biologists. In: Barbieri M, editor. Biosemiotics: information, codes and signs in living systems. New York: Nova; 2007.
Nussbaum MC. Not for profit: why democracy needs the humanities. Princeton University Press: Princeton; 2010.
O'Brien R. Foreword. In: Nussbaum MC, editor. Not for profit: why democracy needs the humanities. Princeton: Princeton University Press; 2010. p. ix–xii.
O'Gorman F. Making meaning: literary research in the twenty-first century. In: Bate J, editor. The public value of the humanities. London: Bloomsbury; 2011. p. 272–82.
Pablé A, Hutton C. Signs, meaning and experience: integrational approaches to linguistics and semiotics. Berlin: de Gruyter; 2015.
Parker Pearson M. The value of archaeological research. In: Bate J, editor. The public value of the humanities. London: Bloomsbury; 2011. p. 30–43.
Peirce CS. Guessing. Hound Horn. 1929;2(3):267–82.
Peirce CS. The collected papers of Charles Sanders Peirce. vols. I–VI [Charles Hartshorne and Paul Weiss eds.], vols. VII–VIII [Arthur W. Burks ed.] Cambridge, MA: Harvard University Press; 1931–1958.
Peirce CS. Letters to Lady Welby. In: Wiener PP, editor. Charles Peirce: selected writings. New York: Dover; 1966.
Peirce CS. In: Houser N, Kloesel C, editors. The essential Peirce. 1st ed. Bloomington: Indiana University Press; 1992.
Petrilli S. Crossing out boundaries with global communication: the problem of the subject. Subj Matter. 2005;2(2):33–48.
Petrilli S. Sign studies and semioethics: communication, translation and values. Berlin: de Gruyter Mouton; 2014.

Petrilli S, Ponzio A. Signs of research on signs. Special issue of Semiotische Berichte. 1998; 22 (3/4).
Petrilli S, Ponzio A. Semiotics unbounded: interpretive routes through the open network of signs. Toronto: University of Toronto Press; 2005.
Pfeffer J, Fong CT. The end of business schools? Less success than meets the eye. Acad Manag Learn Educ. 2002;1(1):78–95.
Pierson FC. The education of American businessmen. New York: McGraw-Hill; 1959.
Pinker S. The blank slate: the modern denial of human nature. Harmondsworth: Penguin; 2003.
Poinsot J. In: Deely J, editor. Tractatus de signis: the semiotic of John Poinsot. 2nd ed. South Bend: St. Augustine's Press; 2013.
Ponzio A. Signs, dialogue and ideology. Trans. Petrilli S. Amsterdam: John Benjamins; 1993.
Ponzio A. The I questioned: Emmanuel Levinas and the critique of occidental reason. Subj Matter. 2006a;3(1):1–45.
Ponzio A. The dialogic nature of sign. Trans. Petrilli S. New York: Legas; 2006b.
Popper B. Build-a-bomber: why do so many terrorists have engineering degrees? Slate 29 Dec 2009 http://www.slate.com/articles/health_and_science/science/2009/12/buildabomber.html. Last accessed 17 Nov 2014.
Porter LW, McKibbin LE. Management education and development: drift or thrust into the 21st century? New York: McGraw-Hill; 1988.
Pugès L. European business schools and globalization. In: Morsing M, Rovira AS, editors. Business schoolsand their contribution to society. Los Angeles/London: Sage; 2011. p. 57–62.
Rattasepp S, Bennett T, editors. Gatherings in biosemiotics. Tartu: Tartu University Press; 2012.
Richards IA. The philosophy of rhetoric. Oxford: Oxford University Press; 1937.
Ritchie TD, Sedikides C, Skowronski JJ. Emotions experienced at event recall and the self: implications for the regulation of self-esteem, self-continuity and meaningfulness. Memory. 2015;24(5):577–91.
Romanini V, Fernandex E, editors. Peirce and biosemiotics: a guess at the riddle of life. Dordrecht: Springer; 2014.
Rorty RM, editor. The linguistic turn: essays in philosophical method with two retrospective essays. Chicago: University of Chicago Press; 1967.
Ruesch J, Kees W. Nonverbal communication: notes on the visual perception of human relations. Berkeley: University of California Press; 1956.
Schilhab T, et al., editors. The symbolic species evolved. Dordrecht: Springer; 2012.
Schrag CO. Communicative praxis and the space of subjectivity. West Lafayette: Purdue University Press; 2003.
Sebeok TA. Communication among social bees; porpoises and sonar; man and dolphin. Language. 1963;39:448–66.
Sebeok TA. Perspectives in zoosemiotics. The Hague: Mouton; 1972.
Sebeok TA. Ecumenicalism in semiotics. In: Sebeok, editor. A perfusion of signs. Bloomington/London: Indiana University Press; 1977.
Sebeok TA. The semiotic self. In: The sign and its masters, Austin: University of Texas Press; 1979a.
Sebeok TA. Prefigurements of art. Semiotica. 1979b;27:3–73.
Sebeok TA. Looking in the destination for what should have been sought in the source. In: The sign and its masters. Austin: University of Texas Press; 1979c.
Sebeok TA. I think I am a verb: more contributions to the doctrine of signs. New York: Plenum Press; 1986a.
Sebeok TA. The problem of the origin of language in an evolutionary frame. Lang Sci. 1986b;8(2):168–74.
Sebeok TA. In what sense is language a 'primary modeling system'? In: Broms H, Kaufmann R, editors. Semiotics of culture: proceedings of the 25th symposium of the Tartu-Moscow School of Semiotics, Imatra, Finland, 27th–29th July, 1987. Helsinki: Arator; 1988. p. 67–80.
Sebeok TA. The doctrine of signs. In A sign is just a sign. Bloomington: Indiana University Press; 1991a.

Sebeok TA. Semiotics in the USA. Bloomington: Indiana University Press; 1991b.
Sebeok TA. A sign is just a sign. Bloomington: Indiana University Press; 1991c.
Sebeok TA, editor. Biosemiotica I, special issue of Semiotica. 1999;127(1–4):1–131.
Sebeok TA. Signs, bridges, origins. In: Perron P et al., editors. Semiotics as a bridge between the humanities and the sciences. Toronto: Legas; 2000.
Sebeok TA. Nonverbal communication. In: Cobley P, editor. The Routledge companion to semiotics and linguistics. London: Routledge; 2001a.
Sebeok TA. Global semiotics. Bloomington: Indiana University Press; 2001b.
Sebeok TA. Signs: an introduction to semiotics. Toronto: University of Toronto Press; 2001c.
Sebeok TA. Summing up: in lieu of an introduction. In: Cobley P et al., editors. "Semiotics Continues to Astonish": Thomas A. Sebeok and the doctrine of signs. Berlin: de Gruyter Mouton; 2011. p. 453–9.
Sebeok TA, Cobley P. IASS. In: Cobley P, editor. The Routledge companion to semiotics and linguistics. London: Routledge; 2010.
Sebeok TA, Danesi M. The forms of meaning: modeling systems theory and semiotic analysis. Berlin: Mouton de Gruyter; 2000.
Sebeok TA, Rosenthal R, editors. The Clever Hans phenomenon: communication with horses, whales, apes, and people. New York: New York Academy of Sciences; 1981.
Sebeok TA, Umiker-Sebeok J. "You Know My Method": a juxtaposition of Charles S. Peirce and Sherlock Holmes. Bloomington: Gaslight Publications; 1980.
Sebeok TA, Umiker-Sebeok J, editors. Biosemiotics: the semiotic web 1991. Berlin: Mouton de Gruyter; 1992.
Sedikides C, Green JD. What I don't recall can't hurt me: information negativity versus information inconsistency as determinants of memorial self-defense. Soc Cogn. 2004;22(1):4–29.
Seyfarth RM, Cheney DL. Meaning, reference and intentionality in the natural vocalizations of monkeys. In: Roitblat HL et al., editors. Language and communication: comparative perspectives. Hillsdale: Lawrence Erlbaum Associates; 1993.
Siedentop L. Inventing the individual: the origins of western liberalism. Harmondsworth: Penguin; 2015.
Singh S. The code book: the science of secrecy from ancient Egypt to quantum cryptography. New York: Random; 1999.
Snow CP. The two cultures: the Rede lecture 1959. Cambridge: Cambridge University Press; 1959.
Solomon RC. Business and the humanities: an Aristotelian approach to business ethics. In: Donaldson TJ, Freeman ER, editors. Business as a humanity. New York: Oxford University Press; 1994. p. 45–75.
Sonesson G. Pictorial concepts: inquiries into the semiotic heritage and its relevance for the analysis of the visual world. Lund: Lund University Press/Chartwell-Bratt; 1989.
Starkey K, Tempest S. The business school in ruins? In: Gagliardi P, Czarniawska B, editors. Management education and the humanities. Cheltenham: Edward Elgar; 2006. p. 101–12.
Starkey K, Tiratsoo N. The business school and the bottom line. Cambridge: Cambridge University Press; 2007.
Stashower D. The teller of tales: the life of Arthur Conan Doyle. Harmondworth: Penguin; 2000.
Steiner G. After Babel: aspects of language and translation. London: Oxford University Press; 1975.
Stenmark M. Environmental ethics and policy-making. Aldershot: Ashgate; 2002.
Stern D. Diary of a baby. New York: Basic Books; 1998.
Stjernfelt F. Diagrammatology. An investigation on the borderlines of phenomenology, ontology, and semiotics. Dordrecht: Springer; 2007.
Taylor P. Respect for nature: a theory of environmental ethics. Princeton: Princeton University Press; 1986.
Taylor C. Sources of the self: the making of modernity. Cambridge: Cambridge University Press; 1992.
Tomasello M, Carpenter M, Call J, Behne T, Moll H. Understanding and sharing intentions: the origins of cultural cognition. Behav Brain Sci. 2005;28:675–91.
Tønnessen M. Umwelt ethics. Sign Syst Stud. 2003;31(1):281–99.

Tønnessen M. The biosemiotic glossary project: agent, agency. Biosemiotics. 2015;8(1):125–43.
Trotsky L. Art and revolution: writings on literature, politics, and culture. New York/London: Pathfinder; 1992.
Tuchman G. Wannabe U: inside the corporate university. Chicago/London: Chicago University Press; 2009.
Vološinov VN. Discourse in life and discourse in art. In: Freudianism. Bloomington: Indiana University Press; 1990.
von Foerster H. Through the eyes of the other. In: Steier F, editor. Research and reflexivity. London: Sage; 1991.
von Uexküll J. Theoretische biologie. 2nd ed. Frankfurt: Suhrkamp; 1976.
von Uexküll J. A stroll through the worlds of animals and men: a picture book of invisible worlds. Semiotica. 1992;89(4):319–91.
von Uexküll J. An introduction to umwelt. Semiotica. 2001a;134(1/4):107–10.
von Uexküll J. The new concept of umwelt: a link between science and the humanities. Semiotica. 2001b;134(1/4):111–23.
von Uexküll J. A foray into the worlds of animals and humans. Minneapolis: University of Minnesota Press; 2010.
Von Foerster H. On constructing a reality. In: Understanding understanding, Dordrecht: Springer; 2003.
Wacewicz S, Żywiczyński P. Language evolution: why Hockett's design features are a non-starter. Biosemiotics. 2015;8:29–46.
Watt G. Hard cases, hard times and the humanity of law. In: Bate J, editor. The public value of the humanities. London: Bloomsbury; 2011. p. 197–207.
Weber A. Poetic objectivity: toward an ethics of aliveness. Zeitschrift fur Semiotik. 2016;(forthcoming)
Weber BH, Depew DJ, editors. Evolution and learning: the Baldwin effect reconsidered. Cambridge, MA: MIT Press; 2003.
Welby V. Mother-Sense (1904–1910): a selection. In: Petrilli S, editor. Signifying and understanding: reading the works of Victoria Welby and the Signific movement. Berlin: de Gruyter Mouton; 2009a. p. 670–714.
Welby V. Primal-Sense (1904–1910): a selection. In: Petrilli S, editor. Signifying and understanding: reading the works of Victoria Welby and the Signific movement. Berlin: de Gruyter Mouton; 2009b. p. 715–22.
Welsh D. Codes and cryptography. Oxford: Clarendon Press; 1988.
Wheeler JA (with Ford, Kenneth). Geons, black holes and quantum foam: a life in physics. New York: Norton; 1998.
Wood DJ, Bruner JS, Ross G. The role of tutoring in problem solving. J Child Psychiatry Psychol. 1976;17(2):89–100.
Zeman JJ. Peirce's theory of signs. In: Sebeok TA, editor. A perfusion of signs. Bloomington/London: Indiana University Press; 1973.

附录

术语表

A

Abduction　试推法（Peirce）

Abductionist Self　试推自我

Abjection　贱弃（Kristeva）

Absent narrator　不在场的叙述者

Absent　缺场，不在场

Absolute icon　绝似符号

Abtractives　抽象符（Peirce）

Acceptability　可接受性

Accessibility　通达性

Achronic structure　无时性结构

Achrony　无时性

Actant　行动素（Greimas）

Actantial model　行动者模式

Action　行动，情节

Actisign　实际符（Peirce）

Actorial narrative type　行动者叙述类型

Actuality　实际性（Peirce）

Addressee　接收者

Addresser　发送者

Adorno, Theodore　阿多诺

Advertisement industry　广告产业

Aesthetic　美学的、艺术的、审美的

Affect　效果、影响

Affective Fallacy　感受谬见（Wimsatt）

After image　余象（Fiske）

Agency　行动主体性

Agenda Setting　议程设置（McCombs & Shaw）

Agent　行动者，行动主体

Aggregate　集

Alethic　真势性（Greimas）

Alienated consumption　异化消费（Bell）

Alienated labour　异化劳动（Marx）

Alienated semiotic consumption　异化符号消费

Alienation effect　间离效果（Brecht）

Alienation　异化

Allegory　寓言（Benjamin）

Alteration　改变

Alter-ego　他我

Althusser, Louis 阿尔都塞
Altschull, J. Herbert 阿特休尔
Ambiguity 含混（Empson）
Ambivalence 模糊价值，矛盾价值
Analog 同构体
Analogical reasoning 类比推理
Analogy 类比
Analytical psychology 分析心理学（Jung）
Anamorphosis 扭曲折射
Androcentrism 男性中心主义
Androgyny 雌雄同体
Anima 阿尼玛（Jung）
Animus 阿尼姆斯（Jung）
Antecedent 前项（Eco）；前件
Anterior narration 先叙述
Anthropocentrism 人类中心论
Anthroponoym 人类进化学
Anti-essentialism 反本质主义
Anti-language 反语言
Antimetaphor 反喻
Antinarrative 反叙述
Antinomy 反论，二律背反
Anti-Oedipus 反俄狄浦斯（Deleuze）
Antonym 反义词
Anxiety 焦虑（Kierkegaard）
Aphasia 失语症（Jakobson）
Aporias 疑难
Aposiopesis “欲言还止”
Appellation 询唤（Althusser）
Apperception 统觉（Husserl）
Appraisive 评价符号（Morris）
Appresentation 共现（Husserl）
Appropriation 占用
Arbitrariness 任意武断性（Saussure）
Arc of imagination 想象扇面（Ricoeur）
Arcade 拱廊街（Benjamin）
Archeology 考古学（Foucault）
Archetype 原型（Jung）
Argument 论符（Peirce）；论证
Articulation 分节
Artificial 人造的
Artworld 艺术世界（Danto）
Ascent 升级（Peirce）
Assertion 断言
Association 联想
Assumption 假定
Assurance of experience 经验确信
Assurance of form 形式确信（Peirce）
Assurance of instinct 本能确信（Peirce）
Attention economy 注意力经济
Attitude change 态度改变
Attributive discourse 属性话语
Auctorial narrative type 作者叙述类型
Audience Commodity Thesis 受众商品论
Audience 受众
Auditory 听觉的
Augustinus, Aurelius 奥古斯丁
Aura 灵韵（Benjamin）
Auteur theory 导演主创论
Authenticity 本真性
Authorial audience 作者话语
Authoritarianism 权威主义
Authorization 授权（Bourdieu）

Auto-communication 自我传播
Automatisation 自动化
Autonomy 自足性，自足论
Autopoiesis 自动创造
Avante-garde 先锋
Axiological 价值论的
Axiom 自明之理，公理

B

Bakhtin，Mikhail 巴赫金
Bardic function 吟游职能
Barthes，Roland 巴尔特
Baudrillard，Jean 鲍德里亚
Bazin，André 巴赞
Becoming 生成
Behavioris narrative 行为主义叙述
Behavourism 行为主义
Being 存在
Being-in-the-world 在世存在
Belonging 归属
Benjamin，Walter 本雅明
Benveniste，Emile， 邦弗尼斯特
Berkeley，Bishop 巴克利主教
Bernard，Jeff 伯纳德
Big data 大数据
Bilateral interaction 双边互动
Binarism 二元对立
Binary 二元
Blended space 复合空间（Fauconnier & Turner）
Bloomfield，Leonard 布卢姆菲尔德
Bloomsbury Group 布卢姆斯伯里集团
Bortolussi，Marisa 鲍特鲁西
Bourdieu，Pierre 布尔迪厄
Breadth 广度（Peirce）
Bricoleur 杂凑（Levi-Strauss）
Brooks，Cleanth 布鲁克斯
Buehler，Karl 比勒
Bullet Theory 魔弹论
Bureaucratization 官僚化
Burke，Kenneth 伯克

C

Canonization 经典化
Carnival 狂欢（Bakhtin）
Cartylism 克拉提鲁斯论
Cassirer，Ernst 卡西尔
Categorical 范畴符（Peirce）
Categorical proposition 直言命题（Peirce）
Category 范畴
Catharsis 净化
Causal contiguity 因果邻接性（Peirce）
Causality 因果性
Celebration 庆典
Cenoscopy 共识之学（Peirce）
Censorship 审查（Freud）
Cereme 空符（Hjelmslev）
Ceremony 典礼
Channel 渠道
Chatman，Seymour 查特曼
Chora 子宫间（Kristeva）
Chronemics 时间符号学
Chunking 组块
Circulation 流通（Greenblatt）

Civil Society 市民社会
Civilization 文明
Clash of civilization 文明的冲突
Classeme 类素
Classic realist text 古典现实主义文本
Classification 分类
Cobley, Paul 科布利
Code 符码
Codification 符码化
Cognition 认知
Cognition gap 认知差
Cognitive Dissonance Theory 认知不协调理论
Cognitive mapping 认知图绘（Jameson）
Cognitive maps 认知地图
Cognitive narratology 认知叙述学
Cognitive poetics 认知诗学
Cognitive stylistics 认知文体学
Cohesion 整合性
Cold Media 冷媒介（Mcluhan）
Collective unconsciousness 集体无意识（Jung）
Collectives 集合符（Peirce）
Colligation 综合（Peirce）
Colonial discourse 殖民话语
Cominterpretant 共同解释项（Peirce）
Commens 共同心灵（Peirce）
Commodification 商品化
Commodity 商品
Commodity Fetishism 商品拜物教
Common ground 共同基础（Peirce）
Communication studies 传达学
Communication 交往（Haberm-as）
Communicative interpretant 交际解释项
Communitarianism 社群主义
Communitas 社群（Turner）
Community 社群
Community of inquiry 探究社群（Peirce）
Commutation 替换
Competence 能力（Chomsky）
Complete icon 全像似符
Complex 复合体
Comprehension 延扩（Peirce）
Conative narrative 意动类叙述
Conative 意动（Jakboson）
Conceit 曲喻
Conceptual domain 概念域（Lakoff & Johnson）
Conceptual integration theory 概念合成理论（Fauconnier & Turner）
Conceptual metaphor 概念隐喻（Lakoff & Johnson）
Conclusion 结论项；结论（Peirce）
Concrete reasonableness 具体合理性
Concrete universal 具体共相（Wimsatt）
Concretive 具体符（Peirce）
Concretization 具体化（Ingarden）
Condensation 凝缩（Freud）
Configuration 图形
Confrontation 对质
Congnitive dissonace 认知不和谐论
Congruentive 一致符（Peirce）
Conjunction 合取

Connotation 内涵
Connotative 内涵的
Consequent 后项（Eco）
Consistent 自洽的
Constative 断言句
Constellation 星座化（Benjamin）
Constructional iconicity 构造像似性
Consumativity 消费性（Baudrillard）
consumer society 消费社会
Contact 接触（Jakobson）
Contemplation 观照
Contemporaneity 当代性
Con-text 联合文本（Greenblatt）
Context 语境
Contextualism 语境论（Richards）
Contingency 偶然性
Continguity 邻接（Jakobson）
Contrapuntal reading 对位阅读（Said）
Convention 规约（Peirce）
Conventional sign 规约符号
Convergence 融合
Copulant；Copulative 系符（Peirce）
Copulative actisign 系符性实际符（Peirce）
Copulative famisign 系符性熟知符（Peirce）
Copulative postisign 系符性潜能符（Peirce）
Copulative proposition 系词命题
Copula 系词；系词联接
Copy 摹本符（Peirce）
Coquet，Jean-Claude 科凯
Corollarial deduction 推论型演绎（Peirce）
Corollarial reasoning 推论型推理（Peirce）
Corrective process 校正过程（Peirce）
Correlate 相关物（Peirce）
Correlative 对应物
Correspondences 应和（Baudelaire）
Correspondence 呼应
Co-text 伴随文本
Counter-discourse 反话语
Courtes，Joseph 库尔泰斯
Covering domain 覆盖域
Crisis communication 危机传播
Criticallogic 批判逻辑学
Critical theory 批评理论，批判理论，
Critics 批判学（Peirce）
Critique 批判
Crude induction 粗糙归纳（Peirce）
Culler，Jonathan 卡勒
Culpeper，Jonathan 卡尔佩珀
Cult 膜拜
Cultivation Theory 涵化理论（Gerbner）
Cultural capital 文化资本（Bourdieu）
Cultural imperialism 文化帝国主义
Cultural performance 文化展演（Singer）
Cultural production 文化生产
Cultural reproduction 文化再生产
Cultural unit 文化单位（Eco）
Culture expectations 文化期待
Culture industry 文化工业
Culture studies 文化研究

Cut 切

Cyber Space 赛博空间

Cybernetics 控制论

Cybernetization 赛博化

Cyberspace 赛博空间

Cyrioids 单一项（Peirce）

D

Danto, Arthur 丹托

Dasein 此在（Heidegger）

Death drives 死亡驱力（Freud）

Decentring 去中心化

De-chronization 非时序化

Declarative mood 陈述语气

Decoding 解码

Deconstructionism 解构主义

Decorum 合式

Deduction 演绎

Deely, John 迪利

Deep structure 深层结构

Defamiliarization 陌生化（Shklovsky）

Default 默认项

Degenerate 退化的

Deictic contiguity 直证邻接性（Peirce）

Deixis 指示词

Della Vople, Galvano 沃尔佩

Delome 证素（Peirce）

Demetaphorization 消比喻化

Demonstration 展示

Demonstrative reasoning 证明推理

Demotivation 去理据化

Denominative actisign 命名实际符

Denominative postisign 命名潜能符

Denominatives 命名符（Peirce）

Denotation 外延，直指

Denotative 外延的

Denotatives 指称符（Peirce）

Denote 指称

Deontic 义务的（Greimas）

Depletion 耗尽

Depth 深度（Peirce）

Derrida, Jacques 德里达

Descent 下降（Peirce）

Descriptive postisign 描述潜能符

Descriptives 描述符（Peirce）

Desemiotization 去符号化，物化

Designation 指示

Designatives 指明符（Peirce）

Designatum 指代项（Morris）

Desire 欲望（Lacan）

Desiring-Machines 欲望机器（Deleuze）

Destinate interpretant 目的解释项（Peirce）

Detection 测定（Peirce）

Determinacy 确定性

Determinadum 被决定项（Peirce）

Determinant 决定项（Peirce）

Detour 迂回

De-tribalization 非部落化（McLuhan）

Development communication 发展传播学

Diachronic analysis 历时性分析

Diachronic 历时性（Saussure）

Diacriticical 辩证批判（Kristeva）

Diagrammatic reasoning 图表式推理

Diagrammic 图表的（Peirce）
Dialectic 辩证的
Dialogic 对话（Barkhtin）
Dicent 申符（Peirce）
Dichotomy 二分
Dicisign 申述符（Peirce）
Diction 措辞/用语；用词风格
Diegesis 叙述
Différance 延异（Derrida）
Difference 差异
Differentia of Literature 文学特异性
Differentiation 分化
Diffusion of Innovations Theory 扩散-创新理论（Rogers）
Diffusion 扩散
Digression 枝蔓
Dilthey, Wilhelm 狄尔泰
Disambiguation 消含混
Discipline 规训（Foucault）
Discordant concordance 不和谐的和谐
Discourse 话语
Discourse analysis 话语分析
Discourse world 话语世界（Werth）
Disembodiment 脱体
Disinterestedness 非功利
Disjunction 析取
Disjunctive 选言命题（Peirce）
Disnarrated 否定叙述
Displacement 置换（Freud）
Disposition 性情（Bourdieu）
Disruption 断裂
Dissipative structure 耗散结构（Lotman）
Dissociation 分离
Distance and involvement 距离与参与
Distanciation 间距化
Distinction 分别（Bourdieu）
Distributive 分配符（Peirce）
Divine madness 迷狂
Documenting narrative 记录类叙述
Documenting performing narrative 记录演示类述
Doležel, Lubomír 多罗泽尔
Dominant symbols 支配性象征（Turner）
Dominant 主导（Jakobson）
Double articulation 双重分节（Martinet）
Double focalization 双重聚焦
Double sign 双重符号（Peirce）
Double vision 双重视域
Double 复本
Dragging effect 滞后效应
Dramatism 戏剧化论（Burke）
Drifting 漂移（Peirce）
Dufrenne, Mikel 杜夫海纳
Duration 时长
Durée 绵延（Bergeson）
Dyad 二元；二分体（Peirce）
Dynamical interpretant 动力解释项
Dynamical object 动力对象（Peirce）
Dystopia 反乌托邦、恶托邦

E

Eagleton, Terry 伊格尔顿

Eco, Umberto　埃科
Ecology of communication　传播生态
Editing　剪辑
Effective interpretant　有效解释项（Peirce）
Effective-historical consciousness　效果历史意识
Effectual interpretant　效力解释项（Peirce）
Ego consumans　消费自我（Baudrillard）
Ego　自我（Freud）
Eidos　表相
Eikhenbaum, Boris　艾亨鲍姆
Ejeculative　感叹符（Peirce）
Ekphrasis　赋象
elaborated code　详制符码
Elaterics　弹性力学（Peirce）
Elective affinities　亲和力
Electra Complex　厄勒克特拉情结（Freud）
Ellipsis　省略
Emanation　流溢（Peirce）
Embodied　具体化
Emic　符位的
Emmott Catherine　艾默特
Emotional interpretant　情绪解释项（Peirce）
Empathetical　移情式的（Fraser）
Empiricism　经验主义
emplotment　情节化
Empson, William　燕卜荪
Enclosure　包围
Encoding　编码
Endophoric　内向的
Endosemiotic　（生理性）内符号
Energetic interpretant　能量解释项（Peirce）
Enlightenment　启蒙
Enonce　陈述（Benveniste）
Enonciation　陈述活动（Benveniste）
Entbergen/demasking　解蔽
Entertainment industry　娱乐工业
Entropy　熵
Enunciation　表述
Epic theatre　史诗剧（Brecht）
Episodic　片段式
Epistèmé　知识型（Foucault）
Episteme　知识
Epistemic Violence　认知暴力
Epistemic　认知的（Greimas）
Epistemological Rupture　认知断裂
Epistemology　认识论
Epoché　悬搁（Husserl）
Erasure　擦抹（Derrida）
Erotics　色情学（Barthes）
Essential breadth　本质广度（Peirce）
Essential depth　本质深度（Peirce）
Essentialism　本质主义
Ethics of deconstruction　解构的伦理学
Ethics　伦理学
Ethnic identity　族群身份
Ethnography　民族志
Ethnosemiotics　民族符号学
Etic　符形的

Etymology 词源学
Euphemism 委婉语
Evans, Vyvyan 伊文斯
Exact logic 精确逻辑学
Exaptation 联适应
Exchange value 交换价值（Baudrillard）
Exegesis 解经
Exhibition value 展示价值
Existence 实存
Existential contiguity 存在邻接性
Existential graphs 存在图（Peirce）
Existential 生存论的
Existentialism 存在主义，存在论
Existentiell 生存状态的
Exophoric 外向的
Exosemiotic 外符号（Tarasti）
Expectancy Violations Theory 期望违背理论（Burgoon）
Explanation 说明（Dilthey）
Explicit interpretant 终结解释项（Peirce）
Exponible 可说明命题（Peirce）
Expression 表现
Extension 外包、延伸
Extensive distinctness 延伸不同性
Externality 外在性

F

Facework 面具
Factualnarrative 纪实型叙述
Fake 造假
Fallacy 谬见
Fallibilism 可错论，证伪论
Fallible 可错的（Peirce）
False consciousness 虚假意识
Falsehood 虚假
Falsification 证伪
Family resemblance 家族相似（Wittgenstein）
Famisign 熟知符（Peirce）
Fan Cultures 粉丝文化
Fashion 时尚
Fauconnier, Gilles 福康尼尔
Feedback 反馈
Felt interpretant 感觉解释项（Peirce）
Femininity 阴性、女性气质
Feminism 女性主义
Fenollosa, Ernest 费诺罗萨
Fictional narrative 虚构型叙述
Fictionality 虚构性
Field 场域（Bourdieu）
Figure 图形（Rubin）
Final interpretant 最终解释项
Finance capital 金融资本
Finious process 终极过程（Peirce）
First correlate 第一相关物（Peirce）
First interpretant 第一解释项（Peirce）
First 第一位（Peirce）
Firstness 第一性（Peirce）
Fish, Stanley 费什
Flashback 倒述
Flashforward 预述
Flow 流程
Fludernik, Monika 弗卢德尼克

Focalization 聚焦（Genette），视角
Focus group 焦点集团
Folk psychology 常识心理学
Followable 可跟随领会的（Gallie）
Force 语力（Searle）
Fore-conception 先概念（Kristeva）
Foregrounding 前推（Mukarovsky）
fore-having 先有（Kristeva）
Foreshadowing 伏笔
fore-sight 先见（Kristeva）
Forgery 赝品
Formal 形式的
Formal grammar 形式语法学
Formal logic 形式逻辑学
Formal rhetoric 形式修辞学
Formal science 形式科学
Formalism 形式主义、形式论
Formula 程式
Foucault，Michel 福柯
Fourfold sense 四重意义
Fracture 破绽
Frame 框架（Minsky）
Freud，Sigmund 弗洛伊德
Fry，Roger 弗莱
Frye，Northrop 弗赖
Function 功能
Fusion of horizons 视野融合（Gadamer）
Fuzzy sets 模糊集

G

Gadamer，Hans Georg 伽达默尔
Gatekeeper 把关人
Gaze 凝视（Lacan）
Geertz，Clifford 格尔茨
Gender Performance 性别表演（Butler）
Genealogy 谱系学
General grammar 一般语法学
General proposition 一般命题
General sign 一般符号
General term 一般项
Generalization 概括
Generals 一般物，共项
Generic space 类属空间（Fauconnier & Turner）
Generic 门类的
Genette，Gerard 热奈特
Geno-text 生成文本（Kristeva）
Genre 体裁
Genuine sign 纯符号（Peirce）
Gestalt 格式塔
global communication 全球传播
Gödel，Kurt 哥德尔
Gombrich，Ernst H. 贡布里希
grammatical interpretation 语法解释
Grammatology 书写学（Derrida）
Gramsci，Antonio 葛兰西
Grand Narrative 宏大叙述（Lyotard）
Grapheme 书素、图素
Gratific 满足符（Peirce）
Greimas，A. J. 格雷马斯
Ground 基质、基础、背景（Rubin）
Groupthink 群体思维（Janis）
Gustatory 味觉的
Gynocentric 女性中心

Gynocriticism 女性批评

H

Habermas, Juergen 哈贝马斯

Habit-change 习惯改变

Habitus 习性（Bourdieu）

Hall, Stuart 霍尔

Halliday, Michael 韩礼德

Hard-boiled narrative 白描式叙述

Health Communication 健康传播

Hegemony 霸权

Heidegger, Martin 海德格尔

Heresy 误说

Hermeneuteme 阐释素

Hermeneutic code 阐释符码

Hermeneutical circle/circulation 解释学循环

Hermeneutics 解释学

Hermes 赫尔墨斯

Heterogeneity 异质性

Heterogeneous 异质的

Heteroglossia 杂语（Bakhtin）

Hierarchical 层控的，层次的

Hierarchy of meanings 意义层次理论

High context/low context 强语境与弱语境

High Context 高语境（Hall）

Higher second interpretant 高第二解释项（Peirce）

Hirsch, Eric D. 赫希

Historicality 历史性

Historicism 历史主义

Historiography 历史写作

History-spreading structure 历史－传播结构

Hjelmslev, Louis 叶尔姆斯列夫

Homilogy 同形词

Homogeneity 同质性

Homogeneous 同质的

Homology 同构

Homophony 同音词

Horizon 视阈

Horizon of expectations 期待视野（Gadamer）

Hot Media 热媒介（Mcluhan）

Hovland, Carl Iver 霍夫兰

Humanism 人文主义

Hume, David 休谟

Husserl, Edmund 胡塞尔

Hybridity 混杂

Hyperreal 超真实（Baudrillad）

Hyper-text 超文本

Hypertext 超文本

Hypo- 亚

Hypoicon 亚像似符（Peirce）

Hyposeme 亚义素（Peirce）

Hypostatic abstraction 实体抽象

Hypo-text 承文本（Genette）

Hypothesis 假设；假定法

Hypothetic 假定符（Peirce）

Hypothetic proposition 假言命题

I

Icon 像似符（Pierce）

Iconicity　像似性（Peirce）
Iconography　图像学
Iconology　图像学、圣象学：
Id　本我（Freud）
Idea　理念
Idealism　观念主义
Idealized Cognitive Model　理想认知模型（Lakoff）
Ideals　理想之物
Idea　观念；想法
Idential sign　同一符号
Identification　认同（Lacan）
Identity　身份、认同
Ideogram　表意符号
Ideogrammic Methos　表意文字法（Pound）
Ideograph　指事字
ideological state apparatuses　意识形态国家机器
Ideology　意识形态
Idioscopy　专识之学（Peirce）
Illocutionary　以言行事（Austin）
Image　形像、图像
Image schema　意象图式（Johnson）
Imaginal　形象的（Peirce）
Imaginary Community　想象共同体（Anderson）
Imaginary Order　想象界（Lacan）
Imagination　想象，形象思维
Imagism　意象派
Imagology　形象学
Imitation　模仿
Immanence　临即性，内在性
Immediate interpretant　直接解释项
Immediate object　直接对象（Peirce）
Imperative　祈使符（Peirce）
Implicit text　隐文本
Implied author　隐含作者（Booth）
Implied metaphor　潜喻
Implied reader　隐含读者（Booth）
Implosion　内爆（Baudrillard）
Impressionism　印象批评，印象主义
Imputed character　归因品格（Peirce）
Inclusion　包含
Incongruity　不相容（Richards）
Indefinite　不定符（Peirce）
Indeterminacy　不定点（Ingarden）
Index　（复数 indices）指示符（Peirce）
Indexicality　指示性
Indicative　直陈符（Peirce）；直陈式的
Individual　个别的；个别物
Individuality　个体性
Induction　归纳
Inference　推断
Infinitation　无限化（Peirce）
Infinite proposition　无限命题
Infographics　信息图形
Information Cocoons　信息茧房
Information deficit　信息匮乏
Information environment　信息环境
Information overload　信息过载
Information Society　信息社会
Information　信息
Informational sign　信息符号

Informativity　信息性
Informed breadth　已知广度
Informed depth　已知深度
Infraliminaire consciousness　阈下意识
Ingarden，Roman　英加登
Input space　输入空间（Fauconnier & Turner）
Inquiry　探究
Instance　实例
Instantiation　实例化
Instinct　直觉、本能
Institution　制度，体制
Institutionization　制度化
Instrumental rationality　工具理性
Integral sign　整体符号
Intellect　心智
Intelligence　心智
Intension　内包
Intention　意向（Husserl）
Intentional Fallacy　意图谬见（Wimsatt）
Intentional interpretant　意向解释项
Intentionality　意向性（Husserl）
Intercultural Communication　跨文化传播
Interface　界面
Internalize　内化
Interpellation　询唤（Althusser）
Interpersonal communication　人际传达
Interpersonal identity　人际身份认同
Interpret　解释
Interpretant　解释项（Peirce）
Interpretation　解释
Interpretative power　解释能力
Interpreter　解释者
Interpreting sign　解释性符号
Interpretive community　解释社群
Interpretive theories　阐释理论
Interpretive vortex　解释漩涡
Intersemiosity　符号间性
Intersemiotic　符号体系间的，跨符号系统的
Inter-subjectivity　主体间性
Intertextuality　互文性，文本间性
Intrapersonal communication　内向传播
Intrasystemic　系统内
Intrusion　干预
Intrusive narrator　介入型叙述者
Intuition　直觉
Irony　反讽
Iser，Wolfgang　伊泽尔
Isotope　同位体（Greimas）
ISOTYPE　国际文字图像教育系统（International System of Typographic Picture Education）

J

Jahn，Manfred　雅恩
Jakobson，Roman　雅各布森
Jameson，Fredric　詹姆逊
Jargon　隐语
Jaspers，Karl　雅思贝尔斯
Jauss，Hans-Georg　尧斯
Jouissance　愉悦，享乐（Lacan）
Jung，Carl　荣格
Juxtaposition　并置

K

L

M

Manifestation 显现
Manipulation 操纵
Mapping 图绘
Mark 标记符（Peirce）
Markedness 标出性（Chomsky）
Marker 标记
Martinet, André 马蒂内
Mass communication 大众传播
Mass culture 大众文化
Mass media 大众传媒
Mathematical logic 数理逻辑
Mcluhan, Marshall 麦克卢汉
McQuail, Denis 麦奎尔
Meaning 意义
Meaning dualism 意义二元论
Meaning relation 意义关系
Mechanical reproduction 机械复制（Benjamin）
Mechanism of Defence 防御机制（Anna Freud）
Medadic rhema 零呈符（Peirce）
Media credibility 媒体公信力
Media events 媒介事件
Media 媒体
Mediation 中介化
Medium 媒介
Melodrama 情节剧
Meme 模因
Memory 记忆
Mental copula 心灵联接（Peirce）
Mental icon 心象符
Mental space 心理空间（Fauconnier）
Mentalese 心语
Merleau-Ponty, Maurice 梅洛－庞蒂
Message 讯息
Metacognition 元认知
Meta-Communication 元传播（Bateson）
Metacritique 元批判
Metafiction 元小说
Metahistory 元历史
Metalanguage 元语言
Metanarrative 元叙述（Lyotard）
Metanarrative sign 元叙述符号
Metaphor 比喻，隐喻
Metaphoric reasoning 隐喻推理
Metaphorical truth 隐喻真理
Metaphysics 形而上学
Meta-semiotics 元符号学
Meta-sensibility 元意识
Meta-sign 元符号
Meta-text 元文本（Genette）
Method of tenacity 固执的方法
Methodeutic 方法学（Peirce）
Metonymy 转喻
Metz, Christian 梅茨
Meyrowitz, Joshua 梅罗维茨
Micro-text 微文本
Middle interpretant 中间解释项
Mimesis 模仿
Mimologic 模仿语（Genette）
Mind 心灵
Mind-reading 心智解读
Minimal narrative 最简叙述
Miraculism 奇迹性

Mirror image 镜像
Mirror neurons 镜像神经元
Mirror stage 镜像阶段（Lacan）
Misreading 误读
Misrecognition 误认
Misunderstanding 误解
Mnemonics 记忆学
Modal proposition 模态命题
Modality 模态（Greimas）
Mode of apprehension 理解模式
Mode of being 存在模式
Mode of life 生活模式
Mode of representation 再现模式
Mode of separation 区隔模式
Mode 模式
Modeling System 模塑体系，建模体系
Modernity 现代性
Modulaton 意态
Moment-Site 此刻场（Heidegger）
Monad 一元；单子（Peirce）
Monadic aspect 一元观相（Peirce）
Monologue 独白
Morpheme 词素
Monstration 演示
Morphology 形态学，词法
Morris，Charles 莫里斯
Motif 母题
Motivatedness 理据化
Motivation 理据性（Saussure）
Mukarovsky，Jan 穆卡洛夫斯基
Multiculturalism 多元文化主义
Multi-discursive 多重话语
Multimedia 多中介，多媒体
Musicality 音乐性
Mutation 畸变
Mysticism 神秘主义
Myth 神话
Mytheme 神话素
Mythic-archetypal 神话-原型（Frye）
Mythification 神话化
Mythology 神话学

N

Naive interpretant 朴素解释项（Peirce）
Name of the Father 父之名（Lacan）
Narrated time 被叙时间
Narratee 受述者，叙述接收者
Narrative identity 叙述身份，叙述同一性
Narrative Practice Hypothesis（NPH） 叙述实践假说
Narrative time 叙述时间
Narrative understanding 叙述智力
Narrative 叙述、叙事
Narrativity 叙述性
Narratology 叙述学、叙事学
Narrator 叙述者
Nation 民族
Nation-State 民族国家
Natural disposition 天性
Naturalization 自然化
Naturally occurring narratives 自然发生叙述
Necessary reasoning 必然推理

Necessity 必然性
Negation 否定（Freud）
Negative term 负项
Neo-Historicism 新历史主义
Noema 获义对象（Husserl）
Noesis 获义意向（Husserl）
Noeticfield 能思域（Husserl）
Noise 噪音（Barthes）
Nomad 游牧（Deleuze & Guattari）
Nomadism/nomadic space 游牧空间
Nominalism 唯名论
Readerly text 可读性文本（Barthes）
Non-relative rhema 非关系呈符
Nonverbal sign 非语言符号
Normal mode psychometric table 行为常模
Normative interpretant 规范解释项
Normative science 规范科学
Normative 规范性的
Nota notae 记号的记号
Notation 记录法
Noverbal communication 非语言传播
Nünning, Ansgar 纽宁

O

Object Form 物品形式（Baudrillard）
Object little-a 小客体 a（Lacan）
Object relations 客体关系（Klein）
Object 对象（Peirce）、物（Baudrillard）
Objective Correlative 客观对应物（Eliot）
Objectivism 客体主义（Williams）
Obsistent argument 相反论证
Oedipus Complex 俄狄浦斯情结（Freud）
Olfactory 嗅觉的
Onomatopoeia 拟声词
Ontology 本体论
Operation 操作
Opinion Leadership 意见领袖（Lazarsfeld）
OPOYAZ 彼得堡语言研究会
Optical 光学的
Organism 有机论
Organon 工具论
Orientation 定向性
Origin 本源
Original 原本的
Originary argument 原初论证
Other/ other 大他者/小他者（Lacan）
Overcoding 过度编码（Eco）
Overlapping paraphrasing 重叠释义
Overstatement 夸大陈述

P

Pair relation 对子关系
Palmer, Alan 帕默
Panopticism 全景监视（Foucault）
Pansemiotism 泛符号论
Para- 副-、类-
Paradigm shift 范式转换
Paradigm 范式，纵聚合段
Paradigmatic 纵聚合的

Paradox 悖论
Paralanguage 类语言
Parallel editing 平行剪辑
Paraphrase 意释
Parataxis 并置
Paratext 副文本（Genette）
Parody 戏仿
Parole 言语（Saussure）
Partialization 片面化
Particular proposition 特称命题
Particular term 特殊项
Patriarchy 父权
Peirce，Charles S 皮尔斯
Perception 知觉
Percussive 冲击符
Performance theory 表演理论
Performance 演示（Chomsky、Goffman）
Performative 表述行为（Austin）、行为句
Performativity 表演性（Butler）
Performing narrative 演示类叙述
Periodization 分期
Perlocutionary 以言成事（Austin）
Persona 面具
Personality 人格（Jung）
Personalization 人格化
Persuasive 劝服
Perturbation 干扰
Petrilli，Susan 佩特里利
Phallus 菲勒斯（Lacan）
Phaneron 现象（Peirce）
Phaneroscopy 现象学（Peirce）
Phantasm 幻象
Phatic 接触性的、交际的（Jakobson）
Pheme 形素（Peirce）
Phenomenology 现象学
Pheno-text 现象文本（Kristeva）
Philology 语文学
Phoneme 音位
Phonology 音位学
Piaget，Jean 皮亚杰
Pictogram 图画文字
Plausibility 合理性
Play of musement 沉思游戏
Plereme 实符（Hjelmslev）
Plurality 多元性
Poeticalness 诗性
Pole of cosmos 宇宙之柱
Polyad 多元（Peirce）
Polymodality 多态性
Polyphony 复调（Bakhtin）
Polysemy 多义
Ponzio，Augusto 庞其奥
Positioning 站位（Althusser）
Possible world 可能世界（Leibniz）
Postisign 潜能符（Peirce）
Postmoderniity 后现代性
Post-structuralisam 后结构主义
Potentional mood 潜在语气
Power discourse 权力话语
Power-Knowledge 权力－知识（Foucault）
Practice 实践
Pragmaticism 实效主义（Peierce）
Pragmatics 符用学、语用学

Pragmatism 实用主义
Praxis 实践
Precision 明确
Predesignation 前定
Predicate 谓项
Predicative 表语性
Preference rules 优先原则
Preferred reading 倾向性解读
Pre-figuration 预塑形
Premiss 前提
Prescission 割离（Peirce）
Presence 在场（Derrida）
Presentation 呈现
Presentative character 呈现品格
Presumption 推定
Pre-text 前文本
Pre-understanding 前理解（Heidegger）
Prieto, Louis J. 普列托
Primary definer 初始解释者
Primary object 第一对象（Peirce）
Primordial 原始的
Principle of minimal departure 最小偏离原则
Priori method 先验的方法
Probability 或然性
Probable deduction 或然性演绎
Proper significate effect 适合意指效力
Proposition de inesse 事实命题（Peirce）
Propp, Vladimir 普罗普
Prototype 基型
Prototype-category 原型－范畴（Rosch）
Proxemics 距离符号学
Pseudo- 拟－
Pseudo-environment 拟态环境（Lippmann）
Pseudo-performing narrative 类演示叙述
Pseudo-statement 拟陈述（Richards）
Pseudo-subject 拟主体
Psychoanalysis 精神分析
Psychologism 心理主义
public diplomacy 公共外交
Public opinion 舆论
Public sphere 公共领域（Habermas）
Publicity 公共性
Punctum 刺点（Barthes）
Pure demonstrated application 纯显示性应用（Peirce）
Pure grammar 纯语法
Pure rhetoric 纯修辞学

Q

Qualified subject 量词主项
Qualifying sign 数量化符号
Qualisign 质符（Peirce）
Qualitative induction 定性归纳
Quality 品质
Quantitative induction 定量归纳
Quasi- 准－
Quasi-interpreter 准解释者（Peirce）
Quasi-mind 准心灵
Quasi-necessary 准必然性
Quasi-sign 准符号（Peirce）
Quasi-utterer 准发送者（Peirce）
Queer 酷儿

R

Random sample　随机样本
Random　随机
Ransom, John Crowe　兰塞姆
Ratio dificilis　难率（Eco）
Ratio facilis　易率（Eco）
Rationality　合理性、理性
Rationally persuasive sign　理性说服符号
Reader response theory　读者反应理论
Reagent　反应者
Real　实在
Real object　实在对象
Real Order　现实界（Lacan）
Realism　实在论，现实主义
Reality　实在性
Reality effect　真实效果
Reasoning　推理
Recognition　再认知
Redundancy　冗余
Reference　指称
Referent　指称物
Referential contiguity　指称邻接性
Refiguration　再塑形
Reflection　反映
Reification　物化
Relative　关联符（Peirce）
Relative proposition　关系命题
Relative rhema　关系呈符（Peirce）
Reliability　可靠性（Booth）
Remark　评注（Benjamin）
Remetaphorisation　再比喻化
Replaceable　可替代的
Replica　副本（Eco）
Representamen　再现体（Peirce）
Re-presentation　代现（Husserl）
Representation　再现
Reproduction　再生产
Resemblance　相似性
restricted code　限制符码
Restriction　限制
Re-tribalization　再部落化（McLuhan）
Retroactive Reading　追溯阅读法（Riffaterre）
Retroduction　溯源法（Peirce）
Reversed metaphor　倒喻
Rhematic indexical legisign　呈符性指示型符
Rhematic indexical sinsign　呈符性指示单符
Rhematic symbol　呈符性规约符
Rheme　呈符（Peirce）
Rhetoric　修辞
Rhizome　块茎（Deleuze）
Richards, I. A.　瑞恰慈
Ricoeur Paul　利科
Riffaterre, Michael　理法台尔
Rimmon-Kenan, Slomith　里蒙-凯南
Risk Communication　风险传播
Rites of passage　过渡仪式（Van Gennep）
Ritual　仪式
Rogate　询问解释项（Peirce）
Rogers, Everett Mitchell　罗杰斯

Rosch, Eleanor 罗施
Rossi-Landi, Ferruccio 罗西－兰迪
Rudimentary assertion 基本断言
Rumellhart, David 鲁梅哈特
Rumor spread 谣言传播
Rupturing effect 断裂效果
Russell, Bertrand 罗素

S

Sacred 神圣
Sameness 相同性
Sampling 抽样
Sartre, Jean-Paul 萨特
Saussure, Ferdinand de 索绪尔
Schaff, Adam 沙夫
Schema 图式
Schemata 图式
Schematic reasoning 图式推理
Schiller, Herbert 席勒（1919－2000）
Schizophrenia 精神分裂
Schleiermacher, Friedrich 施莱马赫
Schramm, Wilbur Lang 施拉姆
Schütz, Alfred 舒茨
Science man 科学人
Scientific intelligence 科学心智
Scope 视野
Scripts 脚本
Sebeok, Thomas A. 西比奥克
Second 第二位（Peirce）
Second correlate 第二相关物（Peirce）
Secondary Modelling System 再度模塑体系、再度建模体系
Secondary 次生的、二级（的）
Secondness 第二性（Peirce）
Secular 世俗
Self-begetting 自我生成
Self-fashioning 自我塑造（Greenblatt）
Self-image 自我形象
Semanalysis 符号心理分析（Kristeva）
Semantic innovation 语义创新
Semantics 符义学（Morris）、语义学
Semantization 符义化、语义化
Seme 义素（Peirce）
Semeiotic grammar 符号语法学
Semeiotic, Semiotic 符号学（Peirce）
Semeotic, Semeiotics, Semiotics 符号学
Semiocity 符号性
Semiosic 符号过程的、符号活动的（Peirce）
Semiosis 符号过程、符号活动（Peirce）
Semiosomatic 符号生理
Semiotic aquare 符号矩阵
Semiotization 符号化
Semisphere 符号域（Lotman）
Sender 发出者
Sense 感官、意思
Sense of self 自我意识
Sensibility 感觉性
Serial 连续剧
Series 系列剧
Set 集合
Shadow 阴影（Jung）
Shklovsky, Victor 什克洛夫斯基

Shleiermacher, Friedrich　施莱尔马赫
Shock　震惊（Benjamin）
Shocking　震惊符；令人震惊的
Sign of collections　集合符号
Sign of occurrences　事件符号
Sign of possible　可能符号
Sign vehicle　符号载体
Sign　符号、关系符（Peirce）
Signal　信号
Signans　指符（Augustine）
Signatum　所指物（Augustine）
Signifiance　意义生成性（Kristeva）
Significance　意味
Significant Form　有意味的形式（Bell）
Significate　意指
Signification　表意；涵义
Significative　表意符（Peirce）
Significs　意义学（Welby）
Signified　所指（Saussure）
Signifier　能指（Saussure）
Signifying practice　意指实践（Kristeva）
Signifying process　意指过程（Kristeva）
Similarity　像似
Simple sign　简单符号
Simulacrum　拟像（Baudrillard）
Simulation　模拟（Baudrillard）、仿真
Sinsign　单符（Peirce）
Sin-text　同时文本（Kristeva）
Situationality　情境性
Slow Data　慢数据
Social construction of reality　对真实的社会建构
Social impulse　社会冲动
Social interaction　社会互动
Social Penetration Theory　社会渗透理论（Altman & Taylor）
Social theater　社会戏剧（Turner）
Society of the Spectacle　景观社会
Soft power　软实力
Somatic　身体的
Sontag, Susan　桑塔格
Spatial form　空间形式（Frank）
Species　种
Specification　细述
Spectacle　景观
Speculative Grammar　思辨语法学
Speech Act　言语行为（Austin）
Speech community　语言共同体
Sphere　范围
Spiral of silence　沉默螺旋
Stadium　展面（Barthes）
Standard language　标准语言
Statement　陈述
Statistic deduction　统计演绎
Stecheotic, Stoicheiology　分解学（Peirce）
Stereotype　刻板印象（Lippmann）
Stigma　污名（Goffman）
Stimulus　刺激
Structuralism　结构主义
Structuration　构筑
Structure　结构
Structures of Feeling　情感结构
Stylistics　风格学、文体学

Suadisign　论断符（Peirce）
Subaltern　属下/属下阶层
Subclass　亚类
Subindex　次指示符（Peirce）
Subject　主项、主体、问题
Subject in process　过程中的主体（Kristeva）
Subjectivity　主体性
Sublime　崇高（Freud）
Submerged metaphor　潜喻
Substance　实质
Substantial breadth　实质广度
Substantial depth　实质深度
Substitution　替代（Freud）
Substitutive sign　替代符号
Subtext　潜文本
Suggestive　建议符（Peirce）、提示的
Sumisign　呈现符（Peirce）
Summary　概述
Summum bunum　至善
Super-Ego　超我（Freud）
Super-phaticity　超接触性
Superposition　意象叠加（Pound）
Supersign　超符号（Eco）
Supposition　设定
Surface layer consciousness　表层意识
Surface structure　表层结构
Surmise　猜度
Surplus of meaning　意义过剩
Surrogate　替代
Suture　缝合
Syllogism　三段论
Symbol　规约符（Peirce）、象征、符号
Symbol rheme　规约呈符（Peirce）
Symbolic action　符号行动（Burke）
Symbolic anthropology　符号人类学
Symbolic capital　符号资本（Bourdieu）
Symbolic Interactionism　符号互动论（Mead）
Symbolic logic　符号逻辑
Symbolic order　符号秩序
Symbolistic　归因符号学（Peirce）
Symbol-using mind　使用规约的心灵
Sympathetic　感应符（Peirce）
Sympathetical　交感式的（Fraser）
Symptomatic reading　症候阅读（Althusser）
Synaesthesia　通感
Synchronic analysis　共时性分析
Synchronic　共时性（Saussure）
Syncretism　交融
Synecdoche　提喻
Synechism　连续论（Peirce）
Syntactics　符形学（Morris）、句法学
Syntagma　组合段
Syntagmatics　组合关系（Saussure）
Syntax　符形、句法
Systemacity　系统性

T

Taboo　禁忌
Tactile　触觉的
Tarasti, Eero　塔拉斯蒂（埃罗）
Taste　鉴赏力

Tate, Allen　退特
Telematics　信息通讯
Telepathy　遥感
Temporality　时间性
Tendency　倾向
Tenor　喻本（Richards）
Tension of interpretation　解释的张力
Tension　张力（Tate）
Term　项
Terministic screen　终端屏幕（Burke）
Territorialization　辖域化（Deleuze）
Test of inconceivable　不可理解性检验
Text　文本
Textuality　文本性
Texture　肌质（Ransom）
Thanatos　死亡本能（Freud）
The frame of reference of meaning　意义的参照系
The life world　生活世界（Husserl）
The Limited-Effects Model　有限效果模式
The medium is the message　媒介即讯息
The semiotic　符号态（Kristeva）
The source of public opinion　舆论源
The symbolic　象征态（Kristeva）
The Third-Person Effect　第三人效果（Davison）
Theorem　定律
Theorematic reasoning　定理型推理
Theory of Mind Module　心智推测模式
Theory of Mind　心智推测
Thetic phase　命题阶段（Kristeva）
Third correlate　第三相关物（Peirce）
Third interpretant　第三解释项（Peirce）
Third　第三位（Peirce）
Thirdness　第三性（Peirce）
Thought-sign　思想符号（Peirce）
Threefold mimesis　三重模仿（Ricoeur）
Tigne　风味符（Peirce）
Time lag　时滞
Timeshifting　时间位移
Todorov, Tzvetan　托多罗夫
Token　个别符（Peirce）
Tone; Tuone　风格符（Peirce）
Topology　拓扑学（Kristeva）
Toponym　地素
Totality　整体性
Totem　图腾
Trace　踪迹（Derrida）
Transcoding　转码
Transculturation　文化汇流
Transformation　转换（Chomsky）
Transitive relation　传递关系
Translatability　可译性（Jakobson）
Transmission model of narrative　叙述传输模型
Transmutation　变换
Transparency　透明
Transsemiotic　超符号体系的
Transsociation　跨联想
Transuasive　跨说服性的（Peirce）
Travesty　滑稽
Triad production　三元生产
Triad　三元（Peirce）

Triadic relation　三元关系
Triadic　三分的
Tribalization　部落化（McLuhan）
Trichotomy　三分法
Tricoexistence　三元共存物
Triple sign　三重符号（Peirce）
Trird space　第三空间
Trope　修辞格
Trubetskoi，Nikolai　特鲁别茨科伊
Truth　真相、真知（Peirce）
Truth-value　真值
Two-Step Flow Hypothesis　两级传播假定（Lazarsfeld）
Tynianov，Jurij　特尼亚诺夫
Type　类型符（Peirce）
Typicality　典型性
Typification　典型化
Typology　类型学

U

Ubiquitous　无所不在的
Uexkull，Jakob von　于克斯库尔
Ultimate interpretant　终极解释项
Ultimate predicate　终极谓项
Umwelt　环境界（Uexkull）
Uncertainty Reduction Theory　不确定性降低理论（Berger & Calabrese）
Unconscious　无意识（Freud）
Undercoding　不足解码（Eco）
Understatement　不充分陈述
Ungrammaticality　不通（Riffaterre）
Unilateral semiosis　单向符号过程
Universal Grammer　普遍语法学
Universal rhetoric　普遍修辞学
Universal　共项、普遍的
Universalism　普适主义
Universe of being　存在全域
Universe of discourse　言述宇宙
Unlimited Community　无限社群
Ur-　原
Ur-plot　情节原型
Use value　使用价值（Baudrillard）
Uses and Gratification Model　使用与满足模型
Usual　惯常符（Peirce）
Utilitarian　使用的
Utility　使用功能
Utterance meaning　言说的意义
Utterance　言说
Utterer' meaning　说者的意思
Utterer　言说者

V

Vagueness　模糊性
Validity　有效性
Value-judgment　价值判断
Variable　变量
Variant　变体
Vector　矢量
Vehicle　喻旨（Richards）
Veracity　真确性
Verbal Icon　语象（Wimsatt）
Verbal　语言的
Verification　证实

Verisimilitude　似真性
Verity　真实性
Virtual community　虚拟社群
Virtuality　虚拟性
Visual icon　视像
Visual text　视觉文本
Visual　视觉的
Vocal　嗓音的，有声的
Vorticism　漩涡派

W

Warhol，Andy　沃霍尔
Warren，Robert Penn　沃伦
Weber，Max　韦伯
Welby，Lady Victoria　维尔比
Wellek，Rene　韦勒克
Whitehead，A. F.　怀特海
Wholeness　完整性
Will to power　权力意志（Nietzsche.）
Williams，Raymond　威廉斯
Wimsatt，William　维姆赛特
Wit　理趣
Wittegenstein，Ludwig　维特根斯坦
World of fact　事实世界
World of fancy　幻想世界
World of meaning　意义世界
Writerly text　可写性文本（Barthes）

Z

Zero concept　零概念
Zero rhetoric　零修辞
Zero sign　零符号（Sebeok）
Zero-dimentionality　零维度
Zerologic subject　零逻辑主体（Kristeva）

图书在版编目（CIP）数据

生物符号学的文化意涵 /（英）保罗·柯布利（Paul Cobley）著；胡易容等译. -- 北京：社会科学文献出版社，2023.12

（传播符号学书系）

书名原文：Cultural Implications of Biosemiotics

ISBN 978 - 7 - 5228 - 2411 - 6

Ⅰ.①生… Ⅱ.①保… ②胡… Ⅲ.①生物学 - 符号学 - 研究 Ⅳ.①Q - 05

中国国家版本馆 CIP 数据核字（2023）第 165137 号

· 传播符号学书系 ·

生物符号学的文化意涵

著　　者 / [英] 保罗·柯布利（Paul Cobley）

译　　者 / 胡易容　孙少文 等

审　　校 / 唐爱燕

出 版 人 / 冀祥德

责任编辑 / 张建中

责任印制 / 王京美

出　　版 / 社会科学文献出版社·政法传媒分社（010）59367126

地址：北京市北三环中路甲 29 号院华龙大厦　邮编：100029

网址：www. ssap. com. cn

发　　行 / 社会科学文献出版社（010）59367028

印　　装 / 三河市龙林印务有限公司

规　　格 / 开 本：787mm × 1092mm　1/16

印 张：14.25　字 数：223 千字

版　　次 / 2023 年 12 月第 1 版　2023 年 12 月第 1 次印刷

书　　号 / ISBN 978 - 7 - 5228 - 2411 - 6

著作权合同登 记 号 / 图字 01 - 2021 - 6527 号

定　　价 / 98.00 元

读者服务电话：4008918866